工程造价控制

主　编　李华东　王艳梅

副主编　张　璐　高　春　余　杰　晋兆丰

西南交通大学出版社
·成　都·

图书在版编目（CIP）数据

工程造价控制 / 李华东，王艳梅主编. —成都：
西南交通大学出版社，2018.3
ISBN 978-7-5643-6103-7

Ⅰ．①工… Ⅱ．①李… ②王… Ⅲ．①工程造价控制
–高等学校–教材 Ⅳ．①TU723.31

中国版本图书馆 CIP 数据核字（2018）第 046156 号

工程造价控制

主　编　李华东　王艳梅

责 任 编 辑	杨　勇
封 面 设 计	何东琳设计工作室
	西南交通大学出版社
出 版 发 行	（四川省成都市二环路北一段 111 号
	西南交通大学创新大厦 21 楼）
发行部电话	028-87600564　028-87600533
邮 政 编 码	610031
网　　　址	http://www.xnjdcbs.com
印　　　刷	四川森林印务有限责任公司
成 品 尺 寸	185 mm×260 mm
印　　　张	10.5
字　　　数	261 千
版　　　次	2018 年 3 月第 1 版
印　　　次	2018 年 3 月第 1 次
书　　　号	ISBN 978-7-5643-6103-7
定　　　价	25.00 元

工程造价控制的含义是在批准的工程造价限额以内，对工程建设前期可行性研究、投资决策，到设计施工再到竣工交付使用前所需全部建设费用的确定、控制、监督和管理，随时纠正发生的偏差，保证项目投资目标的实现，以求在各个建设项目中能够合理地使用人力、物力、财力，以取得较好的投资效益，最终实现竣工决算控制在审定的概算额内。工程造价控制始终贯穿于整个工程项目建设，在工程项目建设中具有十分重要的作用和地位。

本书内容共分 8 章，主要包括建设工程造价控制概述、建设工程造价的费用、招投标方式与工程造价、建设项目决策阶段与工程造价、建设项目设计阶段与工程造价、建设项目招标投标阶段与工程造价、建设项目施工阶段与工程造价和建设项目竣工阶段与工程造价等。

本书是结合编者多年的教学与实践，并依据《建筑安装工程费用项目组成》（建标〔2013〕44 号文件）、《中华人民共和国招标投标法》等与工程建设相关的法律法规、规范，结合工程实际进行编写的。本书具有较强的针对性、实用性和可读性，可以作为国内普通高等学校、成人高等教育以及自学考试工程管理类专业的教材，也可作为工程招投标人员、预算报价人员、合同管理人员、工程技术人员和企业管理人员业务学习的参考用书。

本书由李华东、王艳梅担任主编，张璐、高春、余杰、晋兆丰担任副主编。教材第 1 章到第 6 章由李华东、王艳梅编写；第 7 章由余杰、王艳梅、晋兆丰编写；第 8 章由高春、张璐、晋兆丰编写；全书由李华东同志负责统稿、修改并定稿。

本书由西南交通大学吴培明教授任主审。同时，西南交通大学峨眉校区相关专家教授也对教材的编写提出了许多宝贵意见，四川托普信息职业学院王泽华、四川长江职业学院龚长兰等专家学者对本书编写也给予了大力支持。在此，编者表示衷心的感谢。

由于本书编者水平有限，加之时间紧迫，难免存在不足之处，敬请专家、学者和同行不吝赐教，批评指正，并希望广大读者提出宝贵的意见和建议，以期今后再版时改进，从而更好地满足广大读者的要求。

2017 年 12 月

1　建设工程造价控制概述 ··· 001
　1.1　建设工程造价的基本概念及特征 ··· 001
　1.2　工程造价管理的国内外现状 ··· 003

2　建设工程造价的费用 ·· 007
　2.1　概　述 ··· 007
　2.2　建筑安装工程费用 ··· 025
　2.3　设备及工、器具购置费用的构成 ··· 035
　2.4　工程建设其他费用 ··· 040
　2.5　预备费、建设期贷款利息 ·· 043

3　招投标方式与工程造价 ·· 045
　3.1　传统的采购模式 ··· 045
　3.2　设计采购施工/交钥匙EPC模式 ··· 053
　3.3　BOT模式及PPP采购模式 ·· 055
　3.4　各阶段采购模式的优缺点 ·· 060

4　建设项目决策阶段与工程造价 ·· 064
　4.1　建设项目的决策阶段简介 ·· 064
　4.2　建设项目可行性研究与投资估算 ··· 065
　4.3　建设项目投资估算与财务评价 ·· 075

5　建设项目设计阶段与工程造价 ·· 083
　5.1　建设项目设计阶段概述 ··· 083
　5.2　设计方案的优选 ··· 083
　5.3　运用价值工程优化设计方案 ··· 086
　5.4　设计概算 ·· 087

6 建设工程项目招投标阶段与工程造价 ·································· 096

  6.1 建设工程项目招标投标 ·······················096

  6.2 建设工程施工招标价、施工投标报价与发承包价格 ·········117

7 建设项目施工阶段与工程造价 ······························129

  7.1 施工组织设计与施工预算 ······················129

  7.2 施工阶段三要素 ·······················131

  7.3 工程项目变更与索赔 ······················134

  7.4 工程价款结算 ·························144

8 建设项目竣工阶段与工程造价 ······························150

  8.1 竣工验收 ···························150

  8.2 竣工决算 ···························150

  8.3 工程质量保证 ·························158

参考文献 ·······························161

1 建设工程造价控制概述

1.1 建设工程造价的基本概念及特征

1.1.1 建设工程造价的基本概念

建设工程造价即工程的建造价格，其含义有两种：

第一种含义：广义的工程造价。从业主角度来讲，工程造价是指建设项目总投资，即完成一个建设项目所需的全部费用的总和；从建设市场交易的角度来看，工程造价是指建筑产品的价格，即建设工程承、发包的价格。也可将其定义为完成一个建设项目预期开支或实际开支的全部建设费用，有计划地进行某建设工程项目的固定资产再生产建设，形成相应的固定资产、无形资产和铺底流动资金的一次性投资费的总和。

第二种含义：狭义的工程造价。从承包者角度来讲，工程造价是指为建成一项工程，预计或实际在土地市场、设备市场、技术劳务市场以及承包市场等交易活动中所形成的建筑安装工程价格和建设工程总价格，即承包商的成本。

我国现行建设工程造价结构示意图如图 1-1。

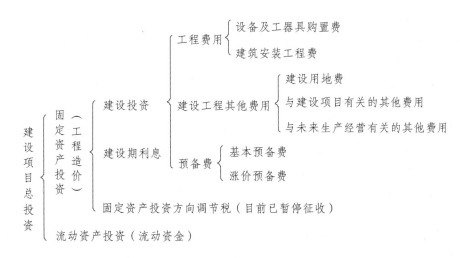

图 1-1 我国现行建设工程造价结构示意图

我国现行建设项目总投资由固定资产投资（即工程造价）和流动资产投资（通常指流动资金）两部分构成。

1.1.2 工程造价的特征

1. 大额性

能够发挥投资效用的任意一项建设工程，不仅实物形体庞大，而且造价高，动辄数百万、数千万、数亿、十几亿，某些特大型工程项目的造价甚至可达百亿、千亿元人民币。工程造价的大额性使其关系到相关各方面的重大经济利益，与此同时也会对宏观经济产生重大影响。工程造价的大额性决定了其特殊地位，也说明了造价管理的重要意义。

2. 个别性和差异性

不同的建设工程项目的结构、造型、空间分割、设备配置和内外装饰都有具体且不同的要求，这一要求使得工程内容和实物形态都具有个别性、差异性。产品的差异性决定了工程造价的个别性和差异性。同时，每项工程所处地区、地段都不相同，使这一特点得到强化。

3. 动态性

大多数建设工程项目从决策到竣工交付使用，都有一个较长的建设期，而且由于不可控因素的影响，在预计工期内，许多影响工程造价的动态因素，如工程变更、设备材料价格、工资标准以及费率、利率、汇率等会发生变化。这种变化必然会影响到造价的变动，因此，工程造价在整个建设期中处于不确定状态，直至竣工决算后工程的实际造价才能被最终确定，从而使得工程造价具有动态性。

4. 层次性

造价的层次性取决于工程的层次性。一般情况下，建设工程项目按其组成内容可分为若干个单项工程、单位（子单位）工程、分部（子分部）工程和分项工程。

单项工程是指在一个建设工程项目中，具有独立的设计文件，竣工后能独立发挥生产能力或效益的工程项目，例如，学校的教学楼、图书馆、食堂等。

单位工程具有独立的设计文件，具备独立施工条件并能形成独立使用功能，但竣工后不能独立发挥生产能力或工程效益，是构成单项工程的组成部分。例如，学校一栋教学楼通常由建筑工程、管道安装工程、设备安装工程和管道安装工程等单位工程组成。

分部工程是单位工程的组成部分，分部工程一般是按单位工程的结构形式、工程部位、构件性质、使用材料、设备种类等的不同而划分的工程项目。例如，房屋的土建单位工程，按其部位可划分为地基与基础、主体结构、建筑屋面和装饰装修等分部工程；按其工种可划分为土石方工程、砌筑工程、钢筋混凝土工程、防水工程和抹灰工程等子分部工程。

分项工程是分部工程的组成部分，是施工图预算中最基本的计算单位，也是概预算定额的基本计量单位，故又称为工程定额子目或工程细目，是将分部工程进一步划分而得的。它由不同的施工方法、不同材料的不同规格等确定的。例如，房屋的基础部分工程可以划分为挖土、混凝土垫层、砌基础和回填土等分项工程。

一个建设工程项目往往含有多个能够独立发挥设计效能的单项工程（如车间、写字楼、住宅楼等）。一个单项工程又由能够各自发挥专业效能的多个单位工程（土建工程、电气安装工程等）组成。与此相适应，工程造价有 3 个层次：建设项目总造价、单项工程造价和单位工程造价。如果专业分工更细，单位工程（如土建工程）的组成部分——分部分项工程也可以成为交换对象，如大型土方工程、基础工程、装饰工程等，这样工程造价的层次就增加分部工程和分项工程而成为 5 个层次。即使从造价的计算和工程管理的角度看，工程造价的层次性也是非常突出的。

1.2　工程造价管理的国内外现状

工程造价管理是指遵循工程造价运动的客观规律和特点，运用科学、技术原理和经济及法律等管理手段，解决工程建设活动中的工程造价确定与控制、技术与经济、经营与管理等实际问题，力求合理使用人力、物力和财力，达到提高投资效益和经济效益的全部业务行为和组织活动。

1.2.1　我国工程造价管理的发展

1. 我国工程造价管理的历史沿革及现状

我国工程造价早在唐朝就有记载，但发展缓慢。自中华人民共和国成立后，其有很大的发展，但未形成一个独立的学科系列。党的十一届三中全会后，党的工作重点转移到了经济建设上来，特别是社会主义市场经济体制的逐步完善，使工程造价管理得到了很大的发展，形成了一门新兴学科。1985 年成立了中国工程建设概预算定额委员会，1990 年成立了中国建设工程造价管理协会，1996 年国家人事部和建设部已确定并行文建立注册造价工程师制度，对该学科的建设与发展起了重要作用，标志着该学科已发展成为一个独立的、完整的学科体系。

经过十多年的发展，我国的工程造价管理工作取得了可喜的成绩，对我国的社会主义现代化建设做出了重大贡献。但是，我国的工程造价管理与西方发达国家相比还有很大差距，工程造价管理工作还有许多问题有待解决，其具体表现在以下几方面：（1）工程造价管理观念落后。我国工程造价管理的产生有其复杂的背景，在实际工作中计划经济模式的烙印还相当深，绝大多数工作仍然停留在"三性一静"（定额的统一性、综合性、指令性和工、料、机价格的静态性）的基础上，往往"四算"（估算、概算、预算、决算）分离，"三超"（工程概算超工程估算，工程预算超工程概算，工程决算超工程预算）现象严重。（2）法律、法规不健全。尽管我国已经有了相关的法律、法规，但是由于各方面的原因，这些法律、法规还不够健全，在实践贯彻中还存在着一定的问题。（3）工程造价管理从业人员素质较低。目前，我国工程造价管理领域的从业人员有 80 多万。这 80 多万的从业人员中本科毕业生占比还不到三分之一。从专业上来看，大部分从业人员毕业于工程经济、投资经济、工程管理、概预算等相近专业，而从正规高等院校工程造价管专业毕业的还不到 1%。这些都阻碍了我国工程造价管理的发展。

2. 我国工程造价管理的发展趋势

1）工程造价管理的国际化趋势

随着我国改革开放进程的进一步加快，中国经济日益深刻地融入全球市场，在我国的跨国公司和跨国项目越来越多。同时，我国企业走出国门，在海外投资和经营的项目也在增加。因此，伴随着经济全球化的到来，工程造价管理的国际化正形成趋势和潮流。特别是我国加入 WTO 后，我国的行业壁垒下降，国内市场国际化，国内外市场全面融合，外国企业必定利用其在资本、技术、管理、人才、服务等方面的优势，挤占我国国内市场，尤其是工程总承包市场。面对日益激烈的市场竞争，我国的企业必须以市场为导向，转换经营模式，增强应变能力，自强不息，勇于进取，在竞争中学会生存，在拼搏中寻求发展。另一方面，加入 WTO 后，根据最惠国待遇和国民待遇，我们将获得更多的机会，并能更加容易地进入国际市场。同时，在国际市场上，作为成员国之一，我国的企业可以与其他成员方企业拥有同等的权利，并享有同等的关税减免。在"贸易自由化"原则指导下，减少对外工程承包的审批程序，将有更多的公司从事国际工程承包，并逐步过渡到自由经营。

2）工程造价管理的信息化趋势

伴随着互联网走进千家万户，以及知识经济时代的到来，工程造价管理的信息化已成必然趋势。当今更新最快的电脑技术和网络技术，在企业经营管理中普及应用的速度令人吃惊，而且呈现加速发展的态势，这给工程造价管理带来很多新的特点。在信息高速膨胀的今天，工程造价管理越来越依赖于电脑手段。另一方面，作为21世纪的主导经济的知识经济已经来临，与之相应的工程造价管理也必将发生新的革命。知识经济时代的工程造价管理将由过去的劳动密集型转变为知识密集型。知识产生新的创意，形成新的成果，带来新的财富。这一过程靠传统方式已无法实现，这时先进的管理手段——电脑，又发挥了不可替代的作用。目前西方发达国家已经在工程造价管理中运用了计算机网络技术，通过网上招投标，开始实现工程造价管理网络化、虚拟化。因此，21世纪的工程造价管理将更多地依靠电脑技术和网络技术，未来的工程造价管理必将成为信息化管理。

1.2.2 国外的工程造价管理模式

1. 政府的间接调控

在国外，按项目投资来源渠道的不同，一般可将其划分为政府投资项目和私人投资项目。政府对建设工程造价的管理，主要采用间接手段，对政府投资项目和私人投资项目实施不同力度和深度的管理，重点控制政府投资项目。对于私人投资项目，国外先进的工程造价管理一般对各项目的具体实施过程不加干预，只进行政策引导和提供信息指导，由市场经济规律调节，体现政府对造价的宏观管理和间接调控。

2. 有章可循的计价依据

发达国家由于市场化比较充分，一般不统一组织制定计价依据，也没有全国统一的计价依据和标准。工程造价计价的定额、指标、费用标准等，一般是由各个大型的工程咨询公司制定，各地咨询机构根据本地区的特点制定相应的单位面积的消耗量和基价作为所管辖项目的造价估算标准。

3. 多渠道的工程造价信息

在市场经济社会中，能及时、准确地捕捉到市场价格信息是业主和承包商占有竞争优势和取得赢利的关键。在国外，政府定期发布工程造价资料信息，以便对政府工程项目的估算提供参考。同时，社会咨询公司也发布价格指标、成本指数等造价信息来指导工程项目的估价。

4. 造价工程师的动态估价

国外对工程造价的管理是以市场为中心的动态控制管理。造价工程师能对造价计划执行中所出现的问题及时分析研究，及时采取纠正措施。在国外没有统一的定额，而是以工程量计算规则作为工程建设基本规则，通过市场的活动控制工程造价。在通过国际工程师联合会编制的 FIDIC 合同条件投标报价时，承包商根据工程项目所在地的实际情况，通过综合分析工程量清单填报项目单价。

5. 采用通用的合同文本

作为各方签订的契约，合同在国外工程造价管理中有着重要的地位，对双方都具有约束力，于各方利益与义务实现都有重要的意义。因此，国外都把严格按合同规定办事作为一项通用的准则来执行，并且有的国家还实行通用的合同文本，如 FIDIC 合同文本，其内容由协议书条款、合同条件和附录三部分组成。

6. 重视实施过程中的造价控制

由第 4 条可知，这种强调项目实施过程中的造价管理的做法，体现了造价控制的动态性，并且重视造价管理所具有的随环境、工作的进行以及价格等变化而调整造价控制标准和控制方法的动态特征。

1.2.3 我国工程造价管理的发展策略

面对我国工程造价管理的客观现状以及工程造价管理国际化、信息化、网络化的日益加强，我国工程造价管理的发展策略应从以下几方面来考虑：

1. 加强法律、法规建设，与国际惯例接轨

《建筑法》和《招标投标法》已经相继实施，中国建筑市场将越来越规范。工程造价管理作为工程建设的一部分，应该积极贯彻这两部法律，使我国工程造价管理走上法制化轨道。但是国家法律只能从宏观上加以规范，不可能对工程造价的各个方面都做出详细的规定，因此工程造价管理应该加强相关法律、法规的建设，与国际惯例全面接轨。面对国际市场竞争，只有透彻理解国际惯例、法规、标准等，我国工程造价管理才有可能进入国际市场，同时受到国际法律的保护。

2. 大力推行"工程量清单"计价办法

2000年1月1日，正式开始实施的《招标投标法》中规定：中标人的投标报价不得低于成本价。不低于成本价是指不低于社会平均成本还是企业个别成本呢？如果其是指不低于社会平均成本也就是预算成本，那么就与我国的社会主义市场经济不相符。市场经济条件下，随着科学技术的发展，新材料、新工艺、新技术的引入，许多施工企业以低于社会平均成本报价已成可能。如果其是指不低于企业个别成本，那么我们如何知道一个企业的真正成本呢？面对这些问题，我们有必要改变过去完全依靠定额的做法。在社会主义市场经济条件下推行"量价分离"是完全必要的，并且这也越来越受到各界人士的高度重视。

3. 加强项目库的组建

香港工料测量师协会在进行工程造价管理时，通过参考过去的类似项目，根据经验来确定工程的造价。实践表明，他们的做法是非常有效的。但是他们的优势在于，类似的历史资料相当丰富，也就是通常所说的项目库相当完善，这为准确确定工程造价提供了可靠保证。近年来，也有许多人把神经网络理论用到了工程造价管理中，利用神经网络模拟人脑搜索类似项目资料，最后凭经验来确定工程造价。实际上神经网络方法与香港的模式是一样的，只不过把这一复杂工作交给计算机来完成而已。我们加入WTO后，面对全球化、网络化，有必要在工程造价管理中引入这些先进方法，这就要求我们必须加强、完善项目库的建设。

4. 加强工程造价管理人才的培养

在市场经济条件下，工程造价管理人员的工作已从被动反映造价结果向能主动影响项目决策转变。但人才质量与企业需求之间的矛盾还相当突出，因此如何造就一批适应社会主义现代化建设需要的工程造价管理人才已成为迫切需要解决的问题。一方面，高等院校应该担负培养现代工程造价管理人才的重任，加强工程造价管理的学科建设，以培养一批懂技术、懂经济、晓法律、善管理，同时精通计算机和外语的高素质的工程造价管理人才；另一方面，大力推行注册造价师执业制度，以培养更多的符合社会主义现代化建设需要的高素质造价工程师。

5. 加强工程造价管理的信息化、网络化建设

在计算机网络技术日益普及的今天，各方面的信息流铺天盖地，纷至沓来。面对如此宏大的信息流，传统的管理模式、管理方法显然已无能为力，我们必须寻找现代化的管理手段。为此，我们应努力做好工程造价管理信息化、网络化方面的工作，加快全国建设工程造价信息网的建设。

6. 加强协会建设

中国建设工程造价协会自1990年成立以来，在建设部的领导下，开展了一系列卓有成效的工作，为我国的工程造价管理建设，为推动我国的社会主义现代化建设都起了重大的作用。为迎接国际市场的竞争，中国建设工程造价协会正在加强自身建设，大力培养高素质人才，完善注册造价工程师执业制度，全面推行工程量清单制度等工作，逐步与国际惯例接轨，以促进我国的工程造价管理事业更上一层楼。

2 建设工程造价的费用

2.1 概　述

2.1.1 工程造价计价依据的分类

工程造价计价依据是据以计算造价的各类基础资料的总称。由于影响工程造价的因素很多，每一项工程的造价都要根据工程的用途、类别、结构特征、建设标准、所在地区和坐落地点、市场价格信息以及政府的产业政策、税收政策和金融政策等做具体计算，因此需把确定上述因素相关的各种量化定额或指标等作为计价的基础。计价依据除法律法规以外，一般以合同形式加以确定。其必须满足以下要求：

（1）准确可靠，符合实际。

（2）可信度高，具有权威。

（3）数据化表达，便于计算。

（4）定性描述清晰，便于正确使用。

1. 按用途分类

工程造价的计价依据按用途分类，可以分为七大类18小类。

第一类，规范工程计价的依据：

（1）国家标准《建设工程工程量清单计价规范》（GB50500—2013）、《建筑工程建筑面积计算规范》（GB/T50353—2013）。

（2）行业协会推荐性标准，如中国建设工程造价管理协会发布的《建设项目投资估算编审规程》《建设项目设计概算编审规程》《建设项目工程结算编审规程》《建设项目全过程造价咨询规程》等。

第二类，计算设备数量和工程量的依据：

（3）可行性研究资料。

（4）初步设计、扩大初步设计、施工图设计图纸和资料。

（5）工程变更及施工现场签证。

第三类，计算分部分项工程人工、材料、机械台班消耗量及费用的依据：

（6）概算指标、概算定额、预算定额。

（7）人工单价。

（8）材料预算单价。

（9）机械台班单价。

（10）工程造价信息。

第四类，计算建筑安装工程费用的依据：

（11）费用定额。

（12）价格指数。

第五类，计算设备费的依据：

（13）设备价格、运杂费率等。

第六类，计算工程建设其他费用的依据：

（14）用地指标。

（15）各项工程建设其他费用定额等。

第七类，与计算造价相关的法规和政策：

（16）包含在工程造价内的税种、税率。

（17）与产业政策、能源政策、环境政策、技术政策和土地等资源利用政策有关的收费标准。

（18）利率和汇率。

（19）其他计价依据。

2. 按使用对象分类

第一类，规范建设单位（业主）计价行为的依据：可行性研究资料、用地指标、工程建设其他费用定额等。

第二类，规范建设单位（业主）和承包商双方计价行为的依据：包括国家标准《建设工程工程量清单计价规范》（GB 50500—2013）和《建设工程建筑面积计算规范》及中国建设工程造价管理协会发布的建设项目投资估算、设计概算、工程结算、全过程造价咨询等规程；初步设计、扩大初步设计、施工图设计；工程变更及施工现场签证；概算指标、概算定额、预算定额；人工单价；材料预算单价；机械台班单价；工程造价信息；间接费定额；设备价格、运杂费率等；包含在工程造价内的税种、税率；利率和汇率；其他计价依据。

2.1.2 工程定额

1. 工程建设定额的分类

定额是一种规定的额度或称数量标准。工程建设定额就是完成某一建筑产品所需消耗的人力、物力和财力的数量标准。定额是企业科学管理的产物，工程定额反映了在一定社会生产力水平的条件下，建设工程施工的管理和技术水平。

在建筑安装施工生产中，根据需要而采用不同的定额。例如用于企业内部管理的企业定额。又如为了计算工程造价，要使用估算指标、概算定额、预算定额（包括基础定额）、费用定额等。因此，工程建设定额可以从不同的角度进行分类。

1）按定额反映的生产要素消耗内容分类

（1）劳动定额。

劳动定额规定了在正常施工条件下某工种某等级的工人，生产单位合格产品所需消耗的劳动时间，或是在单位时间内生产合格产品的数量。

（2）材料消耗定额。

材料消耗定额是在节约和合理使用材料的条件下，生产单位合格产品所必须消耗的一定品种规格的原材料、半成品、成品或结构构件的消耗量。

（3）机械台班消耗量定额。

机械台班消耗量定额是在正常施工条件下，利用某种机械，生产单位合格产品所必须消耗的机械工作时间，或是在单位时间内机械完成合格产品的数量。

2）按定额的不同用途分类

（1）施工定额。

施工定额是企业内部使用的定额，以同一性质的施工过程为研究对象，由劳动定额、材料消耗定额、机械台班消耗定额组成。它既是企业投标报价的依据，也是企业控制施工成本的基础。

（2）预算定额。

预算定额是编制工程预结算时计算和确定一个规定计量单位的分项工程或结构构件的人工、材料、机械台班耗用量（或货币量）的数量标准。它是以施工定额为基础的综合扩大。

（3）概算定额。

概算定额是编制扩大初步设计概算时和确定扩大分项工程的人工、材料、机械台班耗用量（或货币量）的数量标准。它是预算定额的综合扩大。

（4）概算指标。

概算指标是在初步设计阶段编制工程概算所采用的一种定额，是以整个建筑物或构筑物为对象，以"平方米"、"立方米"或"座"等为计量单位规定人工、材料、机械台班耗用量的数量标准。它比概算定额更加综合扩大。

（5）投资估算指标。

投资估算指标是在项目建议书和可行性研究阶段编制、计算投资需要量时使用的一种定额，一般以独立的单项工程或完整的工程项目为对象，编制和计算投资需要量时使用的一种定额。它也是以预算定额、概算定额为基础的综合扩大。

3）按定额的编制单位和执行范围分类

（1）全国统一定额。

全国统一定额是由国家建设行政主管部门根据全国各专业工程的生产技术与组织管理情况而编制的，在全国范围内执行的定额，如《全国统一安装工程预算定额》等。

（2）地区统一定额。

按照国家定额分工管理的规定，由各省、直辖市、自治区建设行政主管部门根据本地区情况编制的，在其管辖的行政区域内执行的定额，如各省、直辖市、自治区的《建筑工程预算定额》等。

（3）行业定额。

按照国家定额分工管理的规定，由各行业部门根据本行业情况编制的，只在本行业和相同专业性质使用的定额，如交通部发布的《公路工程预算定额》等。

（4）企业定额。

由企业根据自身具体情况编制，在本企业内部使用的定额，如施工企业定额等。

（5）补充定额。

当现行定额项目不能满足生产需要时，根据现场实际情况一次性补充定额，并报当地造价管理部门批准或备案。

4）按照投资的费用性质分类

（1）建筑工程定额。

建筑工程一般是指房屋和构筑物工程。其包括土建工程，电气工程（动力、照明、弱电），暖通工程（给排水及暖、通风工程），工业管道工程，特殊构筑物工程等。其在广义上被理解为包含其他各类工程的统称，如道路、铁路、桥梁、隧道、运河、堤坝、港口、电站、机场等工程。建筑工程定额在整个工程建设定额中是一种非常重要的定额，在定额管理中占有突出的地位。

（2）设备安装工程定额。

设备安装工程是对需要安装的设备进行定位、组合、校正、调试等工作的工程。在工业项目中，机械设备安装和电气设备安装工程占有重要地位。在非生产性的建设项目中，由于社会生活和城市设施的日益现代化，设备安装工程量也在不断增加。

设备安装工程定额和建筑工程定额是两种不同类型的定额。一般都要分别编制，各自独立。但是设备安装工程和建筑工程是单项工程的两个有机组成部分，在施工中有时间连续性，也有作业的搭接和交叉，互相协调，在这个意义上通常把建筑和安装工程作为一个施工过程来看待，即建筑安装工程。所以有时将其合二而一，称为建筑安装工程定额。

（3）建筑安装工程费用定额。

建筑安装工程费用定额是指与建筑安装施工生产的个别产品无关，而为企业生产全部产品，为维持企业的经营管理活动所必需产生的各项费用开支的费用消耗标准。

（4）工程建设其他费用定额。

工程建设其他费用定额是独立于建筑安装工程、设备和工器具购置之外的其他费用开支的标准。工程建设的其他费用的产生和整个项目的建设密切相关。

2. 预算定额、概算定额和估算指标

1）预算定额

（1）预算定额的概念。

预算定额是建筑工程预算定额和安装工程预算定额的总称。随着我国推行工程量清单计价，一些地方出现综合定额、工程量清单计价定额、工程消耗量定额等，但其本质上仍应归于预算定额一类。

预算定额是计算和确定一个规定计量单位的分项工程或结构构件的人工、材料和施工机械台班消耗的数量标准。

（2）预算定额的作用。

①预算定额是编制施工图预算、确定工程造价的依据。

②预算定额是建筑安装工程在工程招投标中确定招投标控制价和招投标报价的依据。

③预算定额是建设单位拨付工程价款、建设资金和编制竣工结算的依据。

④预算定额是施工企业编制施工计划，确定劳动力、材料、机械台班需用量计划和统计完成工程量的依据。

⑤预算定额是施工企业实施经济核算制、考核工程成本的参考依据。

⑥预算定额是对设计方案和施工方案进行技术经济评价的依据。

⑦预算定额是编制概算定额的基础。

（3）预算定额的编制原则。

①社会平均水平的原则。

预算定额理应遵循价值规律的要求，按生产该产品的社会平均必要劳动时间来确定其价值，即在正常施工条件下，以平均的劳动强度、平均的技术熟练程度，在平均的技术装备条件下，完成单位合格产品所需的劳动消耗量就是预算定额的消耗量水平。这种以社会平均劳动时间来确定的定额水平，就是通常所说的社会平均水平。

②简明适用的原则。

定额的简明与适用是统一体中的两个方面，要求既简明又适用。一般地说，如果只强调简明，适用性就差；如果只强调适用，简明性就差。因此预算定额要在适用的基础上力求简明。

（4）预算定额的编制依据。

①全国统一劳动定额、全国统一基础定额。

②现行的设计规范、施工验收规范、质量评定标准和安全操作规程。

③通用的标准图和已选定的典型工程施工图纸。

④推广的新技术、新结构、新材料、新工艺。

⑤施工现场测定资料、实验资料和统计资料。

⑥现行预算定额及基础资料和地区材料预算价格、工资标准及机械台班单价。

（5）预算定额的编制步骤。

预算定额的编制一般分为以下三个阶段进行。

①准备工作阶段。

a. 根据国家或授权机关关于编制预算定额的指示，由工程建设定额管理部门主持，成立编制预算定额的领导机构和各专业小组。

b. 拟定编制预算定额的工作方案，提出编制预算定额的基本要求，确定预算定额的编制原则、适用范围，确定项目划分以及预算定额表格形式等。

c. 调查研究、收集各种编制依据和资料。

②编制初稿阶段。

a. 对调查和收集的资料进行深入细致的分析研究。

b. 按编制方案中项目划分的规定和所选定的典型施工图纸计算出工程量，并根据取定的各项消耗指标和有关编制依据，计算分项定额中的人工、材料和机械台班消耗量，编制出预算定额项目表。

c. 测算预算定额水平。预算定额征求意见稿编出后，应将新编预算定额与原预算定额进行比较，测算新预算定额水平是提高还是降低，并分析预算定额水平提高或降低的原因。

③修改和审查计价定额阶段。

组织基本建设有关部门讨论《预算定额征求意见稿》，将征求的意见交编制小组重新修改定稿，并写出预算定额编制说明和送审报告，连同预算定额送审稿报送主管机关审批。

（6）预算定额各消耗量指标的确定。

①预算定额计量单位的确定。

预算定额计量单位的选择，与预算定额的准确性、简明适用性及预算工作的繁简有着密切的关系。因此，在计算预算定额各种消耗量之前，应首先确定其计量单位。

在确定预算定额计量单位时，首先应考虑该单位能否反映单位产品的工、料消耗量，保证预算定额的准确性。其次，其要有利于减少定额项目，保证定额的综合性。最后，其要有利于简化工程量计算和整个预算定额的编制工作，保证预算定额编制的准确性和及时性。

由于各分项工程的形体不同，预算定额的计量单位应根据上述原则和要求，按照分项工程的形体特征和变化规律来确定。凡物体的长、宽、高三个度量都在变化时，应采用"立方米"为计量单位。当物体有一固定的厚度，而它的长和宽两个度量所决定的面积不固定时，宜采用"平方米"为计量单位。如果物体截面形状大小固定，但长度不固定时，应以"延长米"为计量单位。有的分部分项工程体积、面积相同，但重量和价格差异很大（如金属结构的制作、运输、安装等），应当以质量单位"千克"或"吨"计算。有的分项工程还可以按"个"、"组"、"座"、"套"等自然计量单位计算。

预算定额单位确定以后，在预算定额项目表中，常采用所取单位的 10 倍、100 倍等倍数的计量单位来制定预算定额。

② 预算定额消耗量指标的确定。

根据劳动定额、材料消耗定额、机械台班定额来确定消耗量指标。

a. 按选定的典型工程施工图及有关资料计算工程量。计算工程量的目的是综合组成分项工程各实物量的比重，以便采用劳动定额、材料消耗定额、机械台班定额计算出综合后的消耗量。

b. 人工消耗指标的确定。预算定额中的人工消耗指标是指完成该分部分项工程必须消耗的各种用工，包括基本用工、材料超运距用工、辅助用工和人工幅度差。

基本用工。基本用工指完成该分项工程的主要用工，如砌砖工程中的砌砖、调制砂浆、运砖等的用工；将劳动定额综合成预算定额的过程中，还要增加砌附墙烟囱孔、垃圾道等的用工。

材料超运距用工。预算定额中的材料、半成品的平均运距要比劳动定额的平均运距远，因此超过劳动定额运距的材料要计算超运距用工。

辅助用工。辅助用工指施工现场发生的加工材料等产生的用工，如筛沙子、淋石灰膏的用工。

人工幅度差。人工幅度差主要指正常施工条件下，劳动定额中没有包含的用工因素，如各工种交叉作业配合工作的停歇时间，工程质量检查和工程隐蔽、验收等所占的时间。

c. 材料消耗指标的确定。由于预算定额是在基础定额的基础上综合而成的，所以其材料用量也要综合计算。

d. 施工机械台班消耗指标的确定。预算定额的施工机械台班消耗指标的计量单位是台班。按现行规定，每个工作台班按机械工作 8 小时计算。

预算定额中的机械台班消耗指标应按《全国统一劳动定额》中各种机械施工项目所规定的台班产量进行计算。

预算定额中以使用机械为主的项目（如机械挖土、空心板吊装等），其工人组织和台班产量应按劳动定额中的机械施工项目综合而成。此外，还要相应增加机械幅度差。

预算定额项目中的施工机械是配合工人班组工作的，所以，施工机械要按工人小组配置使用，如砌墙是按工人小组配置塔吊、卷扬机、砂浆搅拌机等。配合工人小组施工的机械不增加机械幅度差。

其计算公式：

$$分项定额机械台班使用量 = \frac{分项定额计量单位值}{小组总人数 \times \sum(分项计算的取定比重 \times 劳动定额综合产量)}$$

或 　　$$分项定额机械台班使用量 = \frac{分项定额计量单位量}{小组总产量} \qquad (2\text{-}1)$$

（7）编制定额项目表。

当分项工程的人工、材料和机械台班消耗量指标确定后，就可以着手编制定额项目表。

在项目表中，工程内容可以按编制时即包括的综合分项内容填写；人工消耗量指标可按工种分别填写工日数；材料消耗量指标应列出主要材料名称、单位和实物消耗量；机械台班使用量指标应列出主要施工机械的名称和台班数。人工和中小型施工机械也可用"人工费和中小型机械费"表示。

（8）预算定额的编排。

定额项目表编制完成后，对分项工程的人工、材料和机械台班消耗量列上单价（基期价格），从而形成量价合一的预算定额。各分部分项工程人工、材料、机械单价所汇总的价称基价，在具体应用中，按工程所在地的市场价格进行价差调整，体现量、价分离的原则，即定额量、市场价原则。预算定额主要包括文字说明、分项定额消耗量指标和附录三部分。

① 定额文字说明。

文字说明包括总说明、建筑面积计算规则、分部说明和分节说明。

A. 总说明。

a. 编制预算定额各项依据。

b. 预算定额的使用范围。

c. 预算定额的使用规定及说明。

B. 建筑面积计算规则。

C. 分部说明。

a. 分部工程包括的子目内容。

b. 有关系数的使用说明。

c. 工程量计算规则。

d. 特殊问题处理方法的说明。

D. 分节说明。主要包括本节定额的工程内容说明。

② 分项工程定额消耗指标。

各分项定额的消耗指标是预算定额最基本的内容。

③ 附录。

a. 建筑安装施工机械台班单价表。

b. 砂浆、混凝土配合比表。

c. 材料、半成品、成品损耗率表。

d. 建筑工程材料基价。

附录的主要用途是对预算定额的分析、换算和补充。

2）概算定额及概算指标

（1）概算定额概念。

概算定额又称扩大结构定额，规定了完成单位扩大分项工程或单位扩大结构构件所必须消耗的人工、材料和机械台班的数量标准。

概算定额是由预算定额综合而成的。按照《建设工程工程量清单计价规范》（GB50500—2013）的要求，为适应工程招标投标的需要，有的地方预算定额项目的综合部分已与概算定额项目一致，如挖土方只有一个项目，不再划分一、二、三、四类土；砖墙也只有一个项目，综合了外墙、半砖、一砖、一砖半、二砖、二砖半墙等；化粪池、水池等按"座"计算，综合了土方、砌筑或结构配件全部项目。

（2）概算定额的主要作用。

① 概算定额是扩大初步设计阶段编制设计概算和技术设计阶段编制修正概算的依据。

② 概算定额是对设计项目进行技术经济分析和比较的基础资料之一。

③ 概算定额是编制建设项目主要材料计划的参考依据。

④ 概算定额是编制概算指标的依据。

⑤ 概算定额是编制招标控制价和投标报价的依据。

（3）概算定额的编制依据。

① 现行的预算定额。

② 选择的典型工程施工图和其他有关资料。

③ 人工工资标准、材料预算价格和机械台班预算价格。

（4）概算定额的编制步骤。

① 准备工作阶段。

该阶段的主要工作是确定编制机构和人员组成，进行调查研究，了解现行概算定额的执行情况和存在的问题，明确编制定额的项目。在此基础上，制定出编制方案和确定概算定额项目。

② 编制初稿阶段。

该阶段根据制定的编制方案和确定的定额项目，收集和整理各种数据，对各种资料进行深入细致的测算和分析，确定各项目的消耗指标，最后编制出定额初稿。

该阶段要测算概算定额水平。其内容包括两个方面：新编概算定额与原概算定额的水平测算；概算定额与预算定额的水平测算。

③ 审查定稿阶段。

该阶段要组织有关部门讨论定额初稿，在听取合理意见的基础上进行修改，最后将修改稿报请上级主管部门审批。

（5）概算指标。

概算指标是以整个建筑物或构筑物为对象，以"平方米"、"立方米"或"座"等为计量单位，规定了人工、材料、机械台班的消耗指标的一种标准。

① 概算指标的主要作用。

a. 概算指标是基本建设管理部门编制投资估算和编制基本建设计划，估算主要材料用量计划的依据。

b. 概算指标是设计单位编制初步设计概算、选择设计方案的依据。

c. 概算指标是考核基本建设投资效果的依据。

② 概算指标的主要内容和形式。

概算指标的内容和形式没有统一的格式。一般包括以下内容：

a. 工程概况，包括建筑面积、建筑层数、建筑地点、时间、工程各部位的结构及做法等。

b. 工程造价及费用组成。

c. 每平方米建筑面积的工程量指标。

d. 每平方米建筑面积的工料消耗指标。

3）投资估算指标

（1）投资估算指标的作用。

工程建设投资估算指标是编制项目建议书、可行性研究报告等前期工作阶段投资估算的依据，也可以作为编制固定资产长远规划投资额的参考。投资估算指标为完成项目建设的投资估算提供依据和手段，它在固定资产的形成过程中起着投资预测、投资控制、投资效益的分析作用，是合理确定项目投资的基础。估算指标中的主要材料消耗量也是一种扩大材料消耗量的指标，可以作为计算建设项目主要材料消耗量的基础。估算指标的正确制定对于提高投资估算的准确度，对建设项目的合理评估正确决策具有重要意义。

（2）投资估算指标的内容。

投资估算指标是确定和控制建设项目全过程各项投资支出的技术经济指标，其范围涉及建设前期、建设实施期和竣工验收交付使用期等各个阶段的费用支出，内容因行业不同各异，一般可分为建设项目综合指标、单项工程指标和单位工程指标三个层次。

① 建设项目综合指标。

建设项目综合指标指按规定应列入建设项目总投资的从立项筹建开始至竣工验收交付使用的全部投资额，包括单项工程投资、工程建设其他费用和预备费等。

建设项目综合指标一般以项目的综合生产能力单位投资表示（如元/吨、元/千瓦）或以使用功能表示（如医院床位：元/床位）。

② 单项工程指标。

单项工程指标指按规定应列入能独立发挥生产能力或使用效益的单项工程内的全部投资额，包括建筑工程费、安装工程费、设备及生产工器具购置费和其他费用。

单项工程指标一般以单项工程生产能力单位投资，如元/吨或其他单位表示。如变电站：元/（千伏·安）；锅炉房：元/蒸汽吨；供水站：元/米^3；办公室、仓库、宿舍、住宅等房屋建筑工程：元/米^2。

③ 单位工程指标。

单位工程指标按规定应列入能独立设计、施工的工程项目的费用，即建筑安装工程费用。

（3）投资估算指标的编制方法。

投资估算指标的编制工作，涉及建设项目的产品规模、产品方案、工艺流程、设备选型、工程设计和技术经济等各个方面，既要考虑到现阶段技术状况，又要展望未来技术发展趋势和设计动向，从而可以指导以后建设项目的实践。编制一般分为三个阶段进行：

① 收集整理资料阶段。

收集整理已建成或正在建设的、符合现行技术政策和技术发展方向、有可能重复采用的、有代表性的工程设计施工图、标准设计以及相应的竣工决算或施工图预算资料等。将整理后的数据资料按项目划分栏目加以归类，按照编制年度的现行定额、费用标准和价格，调整成编制年度的造价水平及相互比例。

② 平衡调整阶段。

由于调查收集的资料来源不同，虽然经过一定的分析整理，但难免会由于设计方案、建设条件和建设时间上的差异带来的某些影响，使数据失准或漏项等。必须对有关资料进行综合平衡调整。

③ 测算审查阶段。

测算是将新编的指标和选定工程的概预算，在同一价格条件下进行比较，检验其"量差"的偏离程度是否在允许偏差的范围以内，如偏差过大，则要查找原因，进行修正，以保证指标的确切、实用。由于投资估算指标的计算工作量非常大，在现阶段计算机已经广泛普及的条件下，应尽可能应用电子计算机进行投资估算指标的编制工作。

3. 人工、材料、机械台班消耗量定额

人工、材料、机械台班消耗量以劳动定额、材料消耗量定额、机械台班消耗量定额的形式来表示，它是工程计价最基础的定额，是地方和行业部门编制预算定额的基础，也是个别企业依据其自身的消耗水平编制企业定额的基础。

1）劳动定额

（1）劳动定额的概念。

劳动定额亦称人工定额，指在正常施工条件下，某等级工人在单位时间内完成合格产品的数量或完成单位合格产品所需的劳动时间。其按表现形式的不同，可分为时间定额和产量定额，是确定工程建设定额人工消耗量的主要依据。

（2）劳动定额的分类及其关系。

① 劳动定额的分类。

劳动定额分为时间定额和产量定额。

a.时间定额。时间定额是指某工种某等级的工人或工人小组在合理的劳动组织等施工条件下，完成单位合格产品所必须消耗的工作时间。

b.产量定额。产量定额是指某工种某等级的工人或工人小组在合理的劳动组织等施工条件下，在单位时间内完成合格产品的数量。

② 时间定额与产量定额的关系。

时间定额与产量定额互为倒数的关系，即

$$时间定额 = \frac{1}{产量定额}$$

（2-2）

（3）工作时间。

完成任何施工过程，都必须消耗一定的工作时间。要研究施工过程中的工时消耗量，就必须对工作时间进行分析。

工作时间是指工作班的延续时间。建筑安装企业工作班的延续时间为 8 h（每个工日）。

对工作时间的研究，是将劳动者整个生产过程中所消耗的工作时间，根据其性质、范围和具体情况进行科学划分、归类，明确规定哪些属于定额时间，哪些属于非定额时间，找出

非定额时间损失的原因，以便拟定技术组织措施，消除产生非定额时间的因素，以充分利用工作时间，提高劳动生产率。

对工作时间的研究和分析，可以分为工人工作时间和机械工作时间两个系统进行。

① 工人工作时间。

工人工作时间可以划分为定额时间和非定额时间两大类。

A. 定额时间。定额时间是指工人在正常施工条件下，为完成一定数量的产品或任务所必须消耗的工作时间。包括：

a. 准备与结束工作时间：工人在执行任务前的准备工作（包括工作地点、劳动工具、劳动对象的准备）和完成任务后的整理工作时间。

b. 基本工作时间：工人完成与产品生产直接有关的工作时间，如砌砖施工过程的挂线、铺灰浆、砌砖等工作时间。基本工作时间一般与工作量的大小成正比。

c. 辅助工作时间：为了保证基本工作顺利完成而同技术操作无直接关系的辅助性工作时间，如修磨校验工具、移动工作梯、工人转移工作地点等所需时间。

d. 休息时间：工人为恢复体力所必需的休息时间。

e. 不可避免的中断时间：由于施工工艺特点所引起的工作中断时间，如汽车司机等候装货的时间，安装工人等候构件起吊的时间等。

B. 非定额时间。

a. 多余和偶然工作时间：在正常施工条件下不应产生的时间消耗，如拆除超过图示高度的多余墙体的时间。

b. 施工本身造成的停工时间：由于气候变化和水、电源中断而引起的中断时间。

c. 违反劳动纪律的损失时间：在工作班内工人迟到、早退、闲谈、办私事等原因造成的工时损失。

② 机械工作时间。

机械工作时间的分类与工人工作时间的分类相比，有一些不同点，如在必须消耗的时间中所包含的有效工作时间的内容不同。通过分析可知，两种时间的不同是由机械本身的特点所决定的。

A. 定额时间。

a. 有效工作时间：包括正常负荷下的工作时间，有根据的降低负荷下的工作时间。

b. 不可避免的无负荷工作时间：由施工工程的特点所造成的无负荷工作时间，如推土机到达工作段终端后倒车时间，起重机吊完构件后返回构件堆放地点的时间等。

c. 不可避免的中断时间：与工艺过程的特点、机械使用中的保养、工人休息等有关的中断时间，如汽车装卸货物的停车时间，给机械加油的时间，工人休息时的停机时间。

B. 非定额时间。

a. 机械多余的工作时间：机械完成任务时无须包括的工作占用时间，如灰浆搅拌机搅拌时多运转的时间，工作时未及时供料而使机械空运转的延续时间。

b. 机械停工时间：由施工组织不好及气候条件影响所引起的停工时间，如未及时给机械加水、加油而引起的停工时间。

c. 违反劳动纪律的停工时间：由于工作迟到、早退等原因引起的机械停工时间。

（4）劳动定额的编制方法。

① 经验估计法。

经验估计法是根据定额员、技术员、生产管理人员和老工人的实际工作经验，对生产某一产品或完成某项工作所需的人工、机械台班、材料数量进行分析、讨论和估算，并最终确定定额耗用量的一种方法。

② 统计计算法。

统计计算法是一种运用过去统计资料确定定额的方法。

③ 技术测定法。

技术测定法是通过对施工过程的具体活动进行实地观察，详细记录工人和机械的工作时间消耗、完成产品数量及有关影响因素，并将记录结果予以研究、分析，去伪存真，整理出可靠的原始数据资料，为制定定额提供科学依据的一种方法。

④ 比较类推法。

比较类推法也叫典型定额法，是指在相同类型的项目中，选择有代表性的典型项目，然后根据测定的定额用比较类推的方法编制其他相关定额的一种方法。

2）材料消耗定额

（1）材料消耗定额的概念。

材料消耗定额是指在正常的施工条件和合理使用材料的情况下，生产质量合格的单位产品所必须消耗的建筑安装材料的数量标准。

（2）净用量定额和损耗量定额。

材料消耗定额包括：

① 直接用于建筑安装工程上的材料。

② 不可避免产生的施工废料。

③ 不可避免的材料施工操作损耗。

其中直接构成建筑安装工程实体的材料称为材料消耗净用量定额，不可避免的施工废料和材料施工操作损耗量称为材料损耗量定额。

材料消耗用量定额与损耗量定额之间具有下列关系：

$$材料消耗定额（材料总消耗量）=材料消耗净用量+材料损耗量$$
$$（即：材料损耗量=材料净用量×损耗率） \qquad (2\text{-}3)$$

（3）编制材料消耗定额的基本方法。

① 现场技术测定法。

使用该方法主要是为了取得编制材料损耗定额的资料。材料消耗中的净用量比较容易确定，但材料消耗中的损耗量不能随意确定，需通过现场技术测定来区分哪些属于难于避免的损耗，哪些属于可以避免的损耗，从而确定出较准确的材料损耗量。

② 试验法。

试验法是在实验室内采用专用的仪器设备，通过试验的方法来确定材料消耗定额的一种方法。用这种方法取得的数据，虽然精确度高，但容易脱离现场实际情况。

③ 统计法。

统计法是通过对现场用料的大量统计资料进行分析计算的一种方法。用该方法可获得材料消耗的各项数据，用以编制材料消耗定额。

④ 理论计算法。

理论计算法是运用一定的计算公式计算材料消耗量，确定消耗定额的一种方法。其较适用于计算块状、板状、卷状等材料的消耗量。

A. 砖砌体材料用量计算：

标准砖砌体中，标准砖、砂浆用量计算公式：

$$每立方米砌体标准净用量(块) = \frac{2 \times 墙厚的砖数}{墙厚 \times (砖长 + 灰缝) \times (砖厚 + 灰缝)} \quad （2-4）$$

B. 各种块料面层的材料用量计算：

$$每100\ m^2块料面层中块料净用量 = \frac{100}{(块料长 + 灰缝) \times (块料宽 + 灰缝)} \quad （2-5）$$

$$每100\ m^2块料面层中灰缝砂浆净用量（m^3）=(100 - 块料净用量块料长 \times 块料宽) \times 块料厚$$

$$（2-6）$$

$$每\ 100\ m^2块料面层中结合砂浆净用量（m^3）=100 \times 结合层厚 \quad （2-7）$$

$$各种材料总耗量=净用量 \times （1+损耗率） \quad （2-8）$$

C. 周转性材料消耗量计算。建筑安装施工中除了耗用直接构成工程实体的各种材料、成品、半成品外，还需要耗用一些工具性的材料，如挡土板、脚手架及模板等。这类材料在施工中不是一次消耗完，而是随着使用次数逐渐消耗的，故称为周转材料。

周转性材料在定额中是按照多次使用，多次摊销的方法计算。定额表中规定的数量是使用一次摊销的实物量。

a. 考虑模板周转使用补充和回收的计算：

$$摊销量=周转使用量-回收量 \quad （2-9）$$

$$周转使用量 = \frac{一次使用量 + 一次使用量 \times （周转次数 -1） \times 损耗率}{周转次数} \quad （2-10）$$

b. 不考虑周转使用补充和回收量的计算公式：

$$摊销量 = \frac{一次使用量}{周转次数} \quad （2-11）$$

3）施工机械台班定额

施工机械台班定额是施工机械生产率的反映，编制高质量的施工机械台班定额是合理组织机械化施工，有效地利用施工机械，进一步提高机械生产率的必备条件。编制施工机械台班定额，主要包括以下内容：

（1）拟定正常的施工条件。

机械操作与人工操作相比，劳动生产率在更大的程度上受施工条件的影响，所以更要重视拟定正常的施工条件。

（2）确定施工机械纯工作 1 h 的正常生产率。

确定施工机械正常生产率必须先确定施工机械纯工作 1 h 的劳动生产率。因为只有先取得施工机械纯工作 1 h 正常生产率，才能根据施工机械利用系数计算出施工机械台班定额。

施工机械纯工作时间，就是指施工机械必须消耗的净工作时间，它包括正常工作负荷下，有根据降低负荷下、不可避免的无负荷时间和不可避免的中断时间。施工机械纯工作 1 h 的正常生产率，就是在正常施工条件下，由具备一定技能的技术工人操作施工机械净工作 1 h 的劳动生产率。

确定机械纯工作 1 h 正常劳动生产率可以分为三步进行。

第一步，计算施工机械 1 次循环的正常延续时间。

第二步，计算施工机械纯工作 1 h 的循环次数。

第三步，求施工机械纯工作 1 h 正常生产率。

（3）确定施工机械的正常利用系数。

机械的正常利用系数，是指机械在工作班内工作时间的利用率。机械正常利用系数与工作班内的工作状况有着密切的关系。

确定机械正常利用系数。首先，要计算工作班在正常状况下，准备与结束工作、机械开动、机械维护等工作所必需消耗的时间，以及机械有效工作的开始与结束时间；然后，再计算机械工作班的纯工作时间；最后确定机械正常利用系数。

$$机械正常利用系数 = \frac{工作班内机械纯工作时间}{机械工作班延续时间} \qquad (2\text{-}12)$$

（4）计算机械台班定额。

计算机械台班定额是编制机械台班定额的最后一步。在确定了机械工作正常条件、机械 1 h 纯工作时间正常生产率和机械利用系数后，就可确定机械台班的定额指标。

施工机械台班产量定额=机械纯工作 1 h 正常生产率×工作班延续时间×机械正常利用系数

2.1.3　工程量清单

根据《建设工程工程量清单计价规范》（GB 50500—2013），工程量清单是指载明建设工程分部分项工程项目、措施项目、其他项目的名称和相应数量以及规费、税金项目等内容的明细清单。

招标工程量清单应由具有编制能力的招标人或受其委托、具有相应资质的工程造价咨询人或招标代理人编制。招标工程量清单必须作为招标文件的组成部分，其准确性和完整性由招标人负责。招标工程量清单是工程量清单计价的基础，应作为编制招标控制价、投标报价、计算或调整工程量、施工索赔等的依据之一。

编制招标工程量清单应依据：

（1）《建设工程工程量清单计价规范》（GB 50500—2013）和现行国家标准《建设工程工程量清单计价规范》（GB50500）。

（2）国家或省级、行业建设主管部门颁发的计价定额和办法。

（3）建设工程设计文件及相关资料。

（4）与建设工程有关的标准、规范、技术资料。

（5）拟定的招标文件。

（6）施工现场情况、地勘水文资料、工程特点及常规施工方案。

（7）其他相关资料。

1. 工程量清单的组成

根据《建设工程工程量清单计价规范》（GB 50500—2013）的规定，工程量清单的组成内容如下：

（1）封面。

（2）总说明。

（3）分部分项工程量清单与计价表。

（4）措施项目清单与计价表。

（5）其他项目清单。

（6）规费、税金项目清单与计价表等。

2. 分部分项工程量清单的编制

分部分项工程量清单是指完成拟建工程的实体工程项目数量的清单。其由招标人根据《建设工程工程量清单计价规范》（GB 50500—2013）附录规定的项目编码、项目名称、项目特征、计量单位和工程量计算规则进行编制。

1）分部分项工程量清单的项目编码

分部分项工程量清单的项目编码，按五级设置，用12位阿拉伯数字表示。一、二、三、四级编码，即第 1～9 位应按《建设工程工程量清单计价规范》（GB 50500—2013）附录的规定设置；第五级编码，即第 10～12 位应根据拟建工程的工程量清单项目名称由其编制人设置，同一招标工程的项目编码不得有重码。各级编码代表含义如下：

（1）第一级表示分附录顺序码（分两位）。附录 A 建筑工程为 01，附录 B 装饰装修工程为 02，附录 C 安装工程为 03，附录 D 市政工程为 04，附录 E 园林绿化工程为 05，附录 F 矿山工程为 06。

（2）第二级表示专业工程顺序码（分两位）。如 0104 为附录 A 的第三章"砌筑工程"；0304 为附录 C 的第二章"电气设备安装工程"。

（3）第三级表示分部工程顺序码（分两位）。如 010401 为砌筑工程的第一节"砖砌体"。

（4）第四级表示清单项目（分项工程）名称码（分三位）如 010401003 为砖砌体中的"实心砖墙"。

（5）第五级表示拟建工程量清单项目顺序码（分三位）。由编制人依据项目特征的区别，从 001 开始，共 999 个码可供使用。如用 MU20 页岩标准砖，M7.5 混合砂浆砌混水墙，可编码为：010401001001，其余类推。

2）分部分项工程量工程量清单的项目名称

项目名称应按《建设工程工程量清单计价规范》（GB 50500—2013）附录的项目名称与项目特征并结合拟建工程的实际确定。《建设工程工程量清单计价规范》（GB 50500—2013）没有的项目，编制人可作相应补充，并报省级或行业工程造价管理机构备案。省级或行业工程造价管理机构应汇总报住房和城乡建设部标准定额研究所。

3）分部分项工程量清单的计量单位

分部分项工程量清单的计量单位应按《建设工程工程量清单计价规范》（GD 50500－2013）附录中规定的计量单位确定。

在工程量清单编制时，有的分部分项工程项目在《建设工程工程量清单计价规范》（GB 50500—2013）中有两个以上计量单位，对具体工程量清单项目只能根据《建设工程工程量清单计价规范》（GB 50500—2013）的规定选择其中一个计量单位。《建设工程工程量清单计价规范》（GB 50500—2013）中没有具体选用规定时，清单编制人可以根据具体的情况选择其中的一个。例如《建设工程工程量清单计价规范》（GB 50500—2013）对"A.2.1 混凝土桩"的"预制钢筋混凝土桩"计量单位有"m"和"根"两个计量单位，但是没有具体的选用规定，在编制该项目清单时清单编制人可以根据具体情况选择"m"或者"根"作为计量单位。又如《建设工程工程量清单计价规范》（GB 50500—2013）对"A.3.2 砖砌体"中的"零星砌砖"的计量单位为"m³"、"m²"、"m"、"个"四个计量单位，但是规定了"砖砌锅台与炉灶可按外形尺寸以'个'计算，砖砌台阶可按水平投影面积以 m² 计算，小便槽、地垄墙可按长度计算，其他工程量按 m³ 计算"，所以在编制该项目的清单时，应根据《建设工程工程量清单计价规范》（GB 50500—2013）的规定选用。

4）分部分项工程量清单的工程数量

分部分项工程量清单中的工程数量，应按《建设工程工程量清单计价规范》（GB 50500—2013）附录中规定的工程量计算规则计算。

由于清单工程量是招标人根据设计计算的数量，仅作为投标人投标报价的共同基础，工程结算的数量按合同双方认可的实际完成的工程量确定。所以，清单编制人应该按照《建设工程工程量清单计价规范》（GB 50500—2013）的工程量计算规则，对每一项的工程量进行准确计算，从而避免业主承受不必要的工程索赔。

5）分部分项工程量清单项目的特征描述

项目特征是用来表述项目名称的实质内容，用于区分同一清单条目下各个具体的清单项目。由于项目特征直接影响工程实体的自身价值，关系到综合单价的准确确定，因此项目特征的描述，应根据《建设工程工程量清单计价规范》（GB 50500—2013）项目特征的要求，结合技术规范、标准图集、施工图纸，按照工程结构、使用材质及规格或安装位置等予以详细表述和说明。由于种种原因，对同一项目特征，不同的人会有不同的描述。尽管如此，对体现项目特征的区别和对报价有实质影响的内容必须描述，内容的描述可按以下方面把握：

（1）必须描述的内容如下：

① 涉及正确计量计价的必须描述，如门窗洞口尺寸或框外围尺寸。

② 涉及结构要求的必须描述，如混凝土强度等级（C20 或 C30）。

③ 涉及施工难易程度的必须描述，如抹灰的墙体类型（砖墙或混凝土墙）。

④ 涉及材质要求的必须描述，如油漆的品种、管材的材质（碳钢管、无缝钢管）。

（2）可不描述的内容如下：

① 对项目特征或计量计价没有实质影响的内容可以不描述，如混凝土柱高度、断面大小等。

② 应由投标人根据施工方案确定的内容可不描述，如预裂爆破的单孔深度及装药量等。

③ 应由投标人根据当地材料确定的内容可不描述，如混凝土拌和料使用的石子种类及类径、砂的种类等。

④ 应由施工措施解决的内容可不描述，如现浇混凝土板、梁的标高等。

（3）可不详细描述的内容如下：

① 无法准确描述的内容可不详细描述，如土壤类别可描述为综合等（对工程所在具体地

点来讲，应由投标人根据地勘资料确定土壤类别，决定报价）。

　　② 施工图、标准图已标注明确的，可不再详细描述。可描述为"见某图集某图号"等。

　　③ 还有一些项目可不详细描述，但清单编制人在项目特征描述中应注明由投标人自定，如"挖基础土方"中的土方运距等。

　　对规范中没有项目特征要求的少数项目，但又必须描述的应予描述：如 A.5.1 "长库房大门、特种门"，规范以"樘/m²"作为计量单位，如果选择以"樘"计量，"框外围尺寸"就是影响报价的重要因素，因此必须描述，以便投标人准确报价。同理，B.4.1 "木门"、B.5.1 "门油漆"、B.5.2 "窗油漆"也是如此。

　　需要指出的是，《建设工程工程量清单计价规范》（GB 50500—2013）附录中"项目特征"与"工程内容"是两个不同性质的规定。项目特征必须描述，因其讲的是工程实体特征，直接影响工程的价值。工程内容无须描述，因其主要讲的是操作程序，二者不能混淆。例如砖砌体的实心砖墙，按照《建设工程工程量清单计价规范》（GB 50500—2013）"项目特征"栏的规定必须描述砖的品种是页岩砖还是煤灰砖；砖的规格是标砖还是非标砖，是非标砖就应注明规格尺寸；砖的强度等级是 MU10、MU15 还是 MU20，因为砖的品种、规格、强度等级直接关系到砖的价值；还必须描述墙体的厚度是一砖（240 mm）还是一砖半（370 mm）等；墙体类型是混水墙还是清水墙，清水是双面还是单面，或是一斗一卧围墙还是单顶全斗墙等，因为墙体的厚度、类型直接影响砌砖的工效以及砖、砂浆的消耗量。还必须描述是否勾缝，是原浆还是加浆勾缝；如是加浆勾缝，还须注明砂浆配合比。还必须描述砌筑砂浆的强度等级是 M5、M7.5 还是 M10 等，因为不同强度等级、不同配比的砂浆，其价值是不同的。由此可见，这些描述均不可少，因为其中任何一项都影响了综合单价的确定。而《建设工程工程量清单计价规范》（GB 50500—2013）中"工程内容"中的砂浆制作、运输、砌砖、勾缝、砖压顶砌筑、材料运输则不必描述，因为，不描述这些工程内容，但承包商必然要操作这些工序，完成最终验收的砖砌体。

　　还需要说明，《建设工程工程量清单计价规范》（GB 50500—2013）在"实心砖墙"的"项目特征"及"工程内容"栏内均包括含有勾缝，但两者的性质不同，"项目特征"栏的勾缝体现的是实心砖墙的实体特征，而"工程内容"栏内的勾缝表述的是操作工序或称操作行为。因此，如果需勾缝，就必须在项目特征中描述，而不能因工程内容中有而不描述，否则，将视为清单项目漏项，而可能在施工中引起索赔。类似的情况在计价规范中还有很多，需引起注意。

　　清单编制人应该高度重视分部分项工程量清单项目特征的描述，任何不描述，描述不清均会在施工合同履约过程中产生分歧，导致纠纷、索赔。

　　措施项目清单指为完成工程项目施工，关于发生于该工程施工前和施工过程中的技术、生活、安全等方面的非工程实体项目的清单。

　　措施项目清单的编制应考虑多种因素，除工程本身的因素外还涉及水文、气象、环境、安全和承包商的实际情况等。《建设工程工程量清单计价规范》（GB 50500—2013）中的"措施项目表"只是作为清单编制人编制措施项目清单时的参考。因情况不同，出现表中没有的措施项目时，清单编制人可以自行补充。

表 2-1　措施项目一览表

序号	项目名称
1	脚手架工程
2	混凝土模板及支架（撑）
3	垂直运输
4	超高施工增加
5	大型机械设备进出场及安拆
6	施工排水、降水
7	安全文明施工（含环境保护、文明施工、安全施工、临时设施）
8	夜间施工
9	非夜间施工照明
10	二次搬运
11	冬雨季施工
12	地上、地下设施，建筑物的临时保护设施
13	已完工程及设备保护

由于措施项目清单中没有的项目承包商可以自行补充填报，所以，措施项目清单对于清单编制人来说，压力并不大，一般情况，清单编制人只需要填写最基本的措施项目即可。《建设工程工程量清单计价规范》（GB 50500—2013）中的措施项目见表 2-1。

措施项目中可以计算工程量的项目清单宜采用分部分项工程量清单的方式编制，列出项目编码、项目名称、项目特征、计量单位和工程量计算规则；不能计算工程量的项目清单，以"项"为计量单位编制。

其他项目清单指根据拟建工程的具体情况，在分部分项工程量清单和措施项目清单以外的项目，包括暂列金额、暂估价、计日工、总承包服务费等。

（1）暂列金额。

暂列金额是业主在工程量清单中暂定并包括在合同价款中的一笔款项，是业主用于施工合同签订时尚未确定或者不可预见的所需材料、设备服务的采购，工程量清单漏项、有误引起的工程量的增加，施工中的工程变更引起标准提高或工程量的增加，施工中发生的索赔或现场签证确认的项目，以及合同约定调整因素出现时的工程价款调整等准备的备用金。国际上，一般用暂列金额来控制工程的投资追加金额。

暂列金额的数额大小与承包商没有关系，不能视为归承包商所有。竣工结算时，应该将暂列金额及其税金、规费从合同金额中扣除。

（2）暂估价。

暂估价指由业主在工程量清单中提供的用于必然产生但暂时不能确定价格的材料设备的单价以及专业工程的金额。其是业主在招标阶段预见肯定要发生，只是因为标准不明确或者需要由专业承包人完成，暂时又无法确定具体价格时采用的一种价格形式。

业主确定为暂估价的材料，应在工程量清单中详细列出材料名称、规格、数量、单价等。确定为专业工程的应详细列出专业工程的范围。

（3）计日工。

计日工是指在施工过程中，完成由业主提出的施工图纸或者合同约定以外的零星项目或工作所需的费用。

计日工表中列出的人工、材料、机械是为将来有可能发生的工程量清单以外的有关增加项目或零星用工而做的单价准备。清单编制人应该填写具体的暂估工程量。

与暂列金额一样，计日工的数额大小与承包商没有关系，不能视为归承包商所有。竣工结算时，应该按照实际完成的零星项目或工作结算。

（4）总承包服务费。

总承包服务费是总承包商为配合协调业主进行的工程分包和自行采购的材料、设备等进行管理服务以及施工现场管理、竣工资料汇总整理等服务所需的费用。这里的工程分包，是指在招标文件中明确说明的国家规定允许业主单独分包的工程内容。

工程量清单编制人需要在其他项目清单中列出"总承包服务费"的项目，在说明中明确工程分包的具体内容。

（5）其他注意事项。

其他项目清单由清单编制人根据拟建工程具体情况参照《建设工程工程量清单计价规范》（GB 50500—2013）编制，该规范中未列出的项目，编制人可作补充，并在总说明中予以说明。

规费是指政府和有关权力部门规定必须缴纳的费用。具体项目由清单编制人根据《建设工程工程量清单计价规范》（GB 50500—2013）列出的项目编制，未列出的项目，编制人应按照工程所在地政府和有关权力部门的规定编制。

税金指按国家税法规定，应计入建设工程造价内的营业税、城市维护建设税及教育费附加。

2.2 建筑安装工程费用

为了加强工程建设的管理，有利于合理确定工程造价，提高基本建设投资效益，国家统一了建筑、安装工程造价划分的口径。这一做法，使得工程建设各方在编制工程概预算、工程结算、工程招投标、计划统计、工程成本核算等方面的工作有了统一的标准。

按照住房城乡建设部、财政部建标〔2013〕44号文件《关于印发<建筑安装工程费用项目组成>的通知》规定：建筑安装工程费用项目按费用构成要素组成划分为人工费、材料费、施工机具使用费、企业管理费、利润、规费和税金。按工程造价形成顺序划分为分部分项工程费、措施项目费、其他项目费、规费和税金。按照2013年12月1日起施行的国家标准《建设工程工程量清单计价规范》（GB 50500—2013）的有关规定，实行工程量清单计价，建筑安装工程造价则由分部分项工程费、措施项目费、其他项目费、规费、税金组成。

2.2.1 按构成要素划分

建筑安装工程费按照费用构成要素划分：由人工费、材料（包含工程设备，下同）费、施工机具使用费、企业管理费、利润、规费和税金组成。其中人工费、材料费、施工机具使用费、企业管理费和利润包含在分部分项工程费、措施项目费、其他项目费中。

1. 人工费

人工费是指按工资总额构成规定，支付给从事建筑安装工程施工的生产工人和附属生产单位工人的各项费用。其内容包括：

（1）计时工资或计件工资：按计时工资标准和工作时间或对已做工作按计件单价支付给个人的劳动报酬。

（2）奖金：对超额劳动和增收节支支付给个人的劳动报酬，如节约奖、劳动竞赛奖等。

（3）津贴补贴：为了补偿职工特殊或额外的劳动消耗和因其他特殊原因支付给个人的津贴，以及为了保证职工工资水平不受物价影响支付给个人的物价补贴，如流动施工津贴、特殊地区施工津贴、高温（寒）作业临时津贴、高空津贴等。

（4）加班加点工资：按规定支付的在法定节假日工作的加班工资和在法定日工作时间外延时工作的加点工资。

（5）特殊情况下支付的工资：根据国家法律、法规和政策规定，因病、工伤、产假、计划生育假、婚丧假、事假、探亲假、定期休假、停工学习、执行国家或社会义务等原因按计时工资标准或计时工资标准的一定比例支付的工资。人工费构成要素计算方法如下：

公式1：

$$人工费=\sum(工日消耗量 \times 日工资单价)$$

$$日工资单价=\frac{生产工人平均月工资(计时、计件)+平均月(奖金+津贴补贴+特殊情况下支付的工资)}{年平均每月法定工作日}$$

（2-13）

注：公式 1 主要适用于施工企业投标报价时自主确定人工费，也是工程造价管理机构编制计价定额确定定额人工单价或发布人工成本信息的参考依据。

公式2：

$$人工费=\sum(工程工日消耗量 \times 日工资单价)$$ （2-14）

日工资单价是指施工企业平均技术熟练程度的生产工人在每工作日（国家法定工作时间内）按规定从事施工作业应得的日工资总额。

工程造价管理机构确定日工资单价应通过市场调查、根据工程项目的技术要求，参考实物工程量人工单价综合分析确定，最低日工资单价不得低于工程所在地人力资源和社会保障部门所发布的最低工资标准的：普工1.3倍、一般技工2倍、高级技工3倍。

工程计价定额不可只列一个综合工日单价，应根据工程项目技术要求和工种差别适当划分多种日人工单价，确保各分部工程人工费的合理构成。

注：公式 2 适用于工程造价管理机构编制计价定额时确定定额人工费，是施工企业投标报价的参考依据。

2. 材料费

材料费：施工过程中耗费的原材料、辅助材料、构配件、零件、半成品或成品、工程设备的费用。其内容包括：

（1）材料原价：材料、工程设备的出厂价格或商家供应价格。

（2）运杂费：材料、工程设备自来源地运至工地仓库或指定堆放地点所产生的全部费用。

（3）运输损耗费：材料在运输装卸过程中不可避免的损耗。

（4）采购及保管费：为组织采购、供应和保管材料、工程设备的过程中所需要的各项费用，包括采购费、仓储费、工地保管费、仓储损耗。

工程设备是指构成或计划构成永久工程一部分的机电设备、金属结构设备、仪器装置及其他类似的设备和装置。

材料费构成要素参考计算方法如下：

1）材料费

$$材料费=\sum(材料消耗量\times 材料单价) \tag{2-15}$$

$$材料单价=[（材料原价+运杂费）\times〔1+运输损耗率（\%）〕]\times[1+采购保管费率（\%）] \tag{2-16}$$

2）工程设备费

$$工程设备费=\sum(工程设备量\times 工程设备单价) \tag{2-17}$$

$$工程设备单价=（设备原价+运杂费）\times[1+采购保管费率（\%）] \tag{2-18}$$

施工机具使用费是指施工作业所发生的施工机械、仪器仪表使用费或其租赁费。

3. 施工机械使用费

施工机械使用费以施工机械台班耗用量乘以施工机械台班单价表示，施工机械台班单价应由下列七项费用组成：

（1）折旧费：施工机械在规定的使用年限内，陆续收回其原值的费用。

（2）大修理费：施工机械按规定的大修理间隔台班进行必要的大修理，以恢复其正常功能所需的费用。

（3）经常修理费：施工机械除大修理以外的各级保养和临时故障排除所需的费用。其包括为保障机械正常运转所需替换设备与随机配备工具附具的摊销和维护费用，机械运转中日常保养所需润滑与擦拭的材料费用及机械停滞期间的维护和保养费用等。

（4）安拆费及场外运费：施工机械（大型机械除外）在现场进行安装与拆卸所需的人工、材料、机械和试运转费用以及机械辅助设施的折旧、搭设、拆除等费用；场外运费指施工机械整体或分体自停放地点运至施工现场或由一施工地点运至另一施工地点的运输、装卸、辅助材料及架线等费用。

（5）人工费：机上司机（司炉）和其他操作人员的人工费。

（6）燃料动力费：施工机械在运转作业中所消耗的各种燃料及水、电费用等。

（7）税费：施工机械按照国家规定应缴纳的车船使用税、保险费及年检费等。

4. 仪器仪表使用费

仪器仪表使用费是指工程施工所需使用的仪器仪表的摊销及维修费用。

施工机具使用费构成要素参考计算方法如下：

1）施工机械使用费

$$施工机械使用费=\sum(施工机械台班消耗量×机械台班单价)\qquad（2-19）$$

$$机械台班单价=台班折旧费+台班大修费+$$
$$台班经常修理费+台班安拆费及场外运费+$$
$$台班人工费+台班燃料动力费+台班车船税费\qquad（2-20）$$

注：工程造价管理机构在确定计价定额中的施工机械使用费时，应根据《建筑施工机械台班费用计算规则》结合市场调查编制施工机械台班单价。施工企业可以参考工程造价管理机构发布的台班单价，自主确定施工机械使用费的报价，如租赁施工机械，其公式：施工机械使用费=$\sum$（施工机械台班消耗量×机械台班租赁单价）。

2）仪器仪表使用费

$$仪器仪表使用费=工程使用的仪器仪表摊销费+维修费\qquad（2-21）$$

5. 企业管理费

企业管理费是指建筑安装企业组织施工生产和经营管理所需的费用。其内容包括：

（1）管理人员工资：按规定支付给管理人员的计时工资、奖金、津贴补贴、加班加点工资及特殊情况下支付的工资等。

（2）办公费：企业管理办公用的文具、纸张、账表、印刷、邮电、书报、办公软件、现场监控、会议、水电、烧水和集体取暖降温（包括现场临时宿舍取暖降温）等费用。

（3）差旅交通费：职工因公出差、调动工作的差旅费、住勤补助费，市内交通费和误餐补助费，职工探亲路费，劳动力招募费，职工退休、退职一次性路费，工伤人员就医路费，工地转移费以及管理部门使用的交通工具的油料、燃料等费用。

（4）固定资产使用费：管理和试验部门及附属生产单位使用的属于固定资产的房屋、设备、仪器等的折旧、大修、维修或租赁费。

（5）工具用具使用费：企业施工生产和管理使用的不属于固定资产的工具、器具、家具、交通工具和检验、试验、测绘、消防用具等的购置、维修和摊销费。

（6）劳动保险和职工福利费：由企业支付的职工退职金、按规定支付给离休干部的经费，集体福利费、夏季防暑降温、冬季取暖补贴、上下班交通补贴等。

（7）劳动保护费：企业按规定发放的劳动保护用品的支出，如工作服、手套、防暑降温饮料以及在有碍身体健康的环境中施工的保健费用等。

（8）检验试验费：施工企业按照有关标准规定，对建筑以及材料、构件和建筑安装物进行一般鉴定、检查所发生的费用，包括自设试验室进行试验所耗用的材料等费用。其不包括新结构、新材料的试验费，对构件做破坏性试验及其他特殊要求检验试验的费用和建设单位委托检测机构进行检测的费用，对此类检测发生的费用，由建设单位在工程建设其他费用中列支。但对施工企业提供的具有合格证明的材料进行检测不合格时，该检测费用由施工企业支付。

（9）工会经费：企业按《工会法》规定的全部职工工资总额比例计提的工会经费。

（10）职工教育经费：按职工工资总额的规定比例计提，企业为职工进行专业技术和职业技能培训，专业技术人员继续教育、职工职业技能鉴定、职业资格认定以及根据需要对职工进行各类文化教育所发生的费用。

（11）财产保险费：施工管理用财产、车辆等的保险费用。

（12）财务费：企业为施工生产筹集资金或提供预付款担保、履约担保、职工工资支付担保等所发生的各种费用。

（13）税金：企业按规定缴纳的房产税、车船使用税、土地使用税、印花税等。

（14）其他：包括技术转让费、技术开发费、投标费、业务招待费、绿化费、广告费、公证费、法律顾问费、审计费、咨询费、保险费等。

企业管理费费率构成要素参考计算方法如下：

① 以分部分项工程费为计算基础：

$$企业管理费费率（\%）=\frac{生产工人年平均管理费}{年有效施工天数×人工单价}×人工费占分部分项工程费比例（\%）$$

（2-22）

② 以人工费和机械费合计为计算基础：

$$企业管理费费率（\%）=\frac{生产工人年平均管理费}{年有效施工天数×（人工单价+每一工日机械使用费）}×100\%$$

（2-23）

③ 以人工费为计算基础：

$$企业管理费费率（\%）=\frac{生产工人年平均管理费}{年有效施工天数×人工单价}×100\%$$

（2-24）

注：上述公式适用于施工企业投标报价时自主确定管理费，是工程造价管理机构编制计价定额确定企业管理费的参考依据。

工程造价管理机构在确定计价定额中企业管理费时，应以定额人工费或（定额人工费+定额机械费）作为计算基数，其费率根据历年工程造价积累的资料，辅以调查数据确定，列入分部分项工程和措施项目中。

6. 利　润

利润是指施工企业完成所承包工程获得的盈利。

利润构成要素参考计算方法如下：

（1）施工企业根据企业自身需求并结合建筑市场实际自主确定，列入报价中。

（2）工程造价管理机构在确定计价定额中利润时，应以定额人工费或（定额人工费+定额机械费）作为计算基数，其费率根据历年工程造价积累的资料，并结合建筑市场实际确定，以单位（单项）工程测算，利润在税前建筑安装工程费的比重可按不低于5%且不高于7%的费率计算。利润应列入分部分项工程和措施项目中。

7. 规　费

规费是指按国家法律、法规规定，由省级政府和省级有关权力部门规定必须缴纳或计取的费用。其包括：

1）社会保险费

（1）养老保险费：企业按照规定标准为职工缴纳的基本养老保险费。

（2）失业保险费：企业按照规定标准为职工缴纳的失业保险费。

（3）医疗保险费：企业按照规定标准为职工缴纳的基本医疗保险费。

（4）生育保险费：企业按照规定标准为职工缴纳的生育保险费。

（5）工伤保险费：企业按照规定标准为职工缴纳的工伤保险费。

2）住房公积金

企业按规定标准为职工缴纳的住房公积金。

3）工程排污费

按规定缴纳的施工现场工程排污费。

其他应列而未列入的规费，按实际产生计取。

规费构成要素参考计算方法如下：

（1）社会保险费和住房公积金。

社会保险费和住房公积金应以定额人工费为计算基础，根据工程所在地省、自治区、直辖市或行业建设主管部门规定费率计算。

$$社会保险费和住房公积金=\sum（工程定额人工费×社会保险费和住房公积金费率）$$

（2-25）

式中，社会保险费和住房公积金费率可以每万元发承包价的生产工人人工费和管理人员工资含量与工程所在地规定的缴纳标准综合分析取定。

（2）工程排污费。

工程排污费等其他应列而未列入的规费应按工程所在地环境保护等部门规定的标准缴纳，按实计取列入。

8．税　金

税金是指国家税法规定的应计入建筑安装工程造价内的营业税、城市维护建设税、教育费附加以及地方教育附加。

税金构成要素参考计算方法如下：

税金计算公式：

$$税金=税前造价×综合税率（\%）$$

（2-26）

综合税率：

（1）纳税地点在市区的企业。

$$综合税率（\%）=\frac{1}{1-3\%-(3\%×7\%)-(3\%×3\%)-(3\%×2\%)}-1$$

（2-27）

（2）纳税地点在县城、镇的企业。

$$综合税率（\%）=\frac{1}{1-3\%-(3\%×5\%)-(3\%×3\%)-(3\%×2\%)}-1$$

（2-28）

（3）纳税地点不在市区、县城、镇的企业。

$$综合税率（\%）=\frac{1}{1-3\%-(3\%×1\%)-(3\%×3\%)-(3\%×2\%)}-1$$

（2-29）

（4）实行营业税改增值税的，按纳税地点现行税率计算。

2.2.2 按工程造价形成划分

建筑安装工程费按照工程造价形成由分部分项工程费、措施项目费、其他项目费、规费、税金组成，分部分项工程费、措施项目费、其他项目费包含人工费、材料费、施工机具使用费、企业管理费和利润。

1. 分部分项工程费

分部分项工程费是指各专业工程的分部分项工程应予列支的各项费用。

（1）专业工程：按现行国家计量规范划分的房屋建筑与装饰工程、仿古建筑工程、通用安装工程、市政工程、园林绿化工程、矿山工程、构筑物工程、城市轨道交通工程、爆破工程等各类工程。

（2）分部分项工程：按现行国家计量规范对各专业工程划分的项目，如房屋建筑与装饰工程划分的土石方工程、地基处理与桩基工程、砌筑工程、钢筋及钢筋混凝土工程等。

各类专业工程的分部分项工程划分见现行国家或行业计量规范。

分部分项工程费计价参考公式如下：

$$分部分项工程费=\sum（分部分项工程量×综合单价）\qquad（2\text{-}30）$$

式中，综合单价包括人工费、材料费、施工机具使用费、企业管理费和利润以及一定范围的风险费用（下同）。

2. 措施项目费

措施项目费是指为完成建设工程施工，产生于该工程施工前和施工过程中的技术、生活、安全、环境保护等方面的费用。其内容包括：

（1）安全文明施工费。

① 环境保护费：施工现场为达到环保部门要求所需要的各项费用。

② 文明施工费：施工现场文明施工所需要的各项费用。

③ 安全施工费：施工现场安全施工所需要的各项费用。

④ 临时设施费：施工企业为进行建设工程施工所必须搭设的生活和生产用的临时建筑物、构筑物和其他临时设施费用。其包括临时设施的搭设、维修、拆除、清理费或摊销费等。

（2）夜间施工增加费：因夜间施工所产生的夜班补助费、夜间施工降效、夜间施工照明设备摊销及照明用电等费用。

（3）二次搬运费：因施工场地条件限制而产生的材料、构配件、半成品等一次运输不能到达堆放地点，必须进行二次或多次搬运而发生的费用。

（4）冬雨季施工增加费：在冬季或雨季施工需增加的临时设施、防滑、排除雨雪，人工及施工机械效率降低等费用。

（5）已完工程及设备保护费：竣工验收前，对已完工程及设备采取的必要保护措施所产生的费用。

（6）工程定位复测费：工程施工过程中进行全部施工测量放线和复测工作的费用。

（7）特殊地区施工增加费：工程在沙漠或其边缘地区、高海拔、高寒、原始森林等特殊地区施工增加的费用。

（8）大型机械设备进出场及安拆费：机械整体或分体自停放场地运至施工现场或由一个施工地点运至另一个施工地点，所产生的机械进出场运输及转移费用及机械在施工现场进行安装、拆卸所需的人工费、材料费、机械费、试运转费和安装所需的辅助设施的费用。

（9）脚手架工程费：施工需要的各种脚手架搭、拆、运输费用以及脚手架购置费的摊销（或租赁）费用。

措施项目及其包含的内容详见各类专业工程的现行国家或行业计量规范。

措施项目费计价参考公式如下：

1）国家计量规范规定应予计量的措施项目计算公式

$$措施项目费 = \sum（措施项目工程量 \times 综合单价）\qquad（2\text{-}31）$$

2）国家计量规范规定不宜计量的措施项目计算方法

（1）安全文明施工费。

$$安全文明施工费 = 计算基数 \times 安全文明施工费费率（\%）\qquad（2\text{-}32）$$

计算基数应为定额基价（定额分部分项工程费+定额中可以计量的措施项目费）、定额人工费或（定额人工费+定额机械费），其费率由工程造价管理机构根据各专业工程的特点综合确定。

（2）夜间施工增加费。

$$夜间施工增加费 = 计算基数 \times 夜间施工增加费费率（\%）\qquad（2\text{-}33）$$

（3）二次搬运费。

$$二次搬运费 = 计算基数 \times 二次搬运费费率（\%）\qquad（2\text{-}34）$$

（4）冬雨季施工增加费。

$$冬雨季施工增加费 = 计算基数 \times 冬雨季施工增加费费率（\%）\qquad（2\text{-}35）$$

（5）已完工程及设备保护费。

$$已完工程及设备保护费 = 计算基数 \times 已完工程及设备保护费费率（\%）（2\text{-}36）$$

上述（2）～（5）项措施项目的计费基数应为定额人工费或（定额人工费+定额机械费），其费率由工程造价管理机构根据各专业工程特点和调查资料综合分析后确定。

3. 其他项目费

（1）暂列金额：建设单位在工程量清单中暂定并包括在工程合同价款中的一笔款项。用于施工合同签订时尚未确定或者不可预见的所需材料、工程设备、服务的采购，施工中可能发生的工程变更、合同约定调整因素出现时的工程价款调整以及发生的索赔、现场签证确认等的费用。

（2）计日工：在施工过程中，施工企业完成建设单位提出的施工图纸以外的零星项目或工作所需的费用。

（3）总承包服务费：总承包人为配合、协调建设单位进行的专业工程发包，对建设单位自行采购的材料、工程设备等进行保管以及施工现场管理、竣工资料汇总整理等服务所需的费用。

其他项目费计价参考公式如下：

（1）暂列金额由建设单位根据工程特点，按有关计价规定估算，施工过程中由建设单位掌握使用、扣除合同价款调整后如有余额，归建设单位。

（2）计日工由建设单位和施工企业按施工过程中的签证计价。

（3）总承包服务费由建设单位在招标控制价中根据总承包服务范围和有关计价规定编制，施工企业投标时自主报价，施工过程中按签约合同价执行。

规费：同 2.2.1（7. 规费）。

税金：同 2.2.1（8. 税金）。

建设单位工程招标控制价计价程序见表 2-2。

表 2-2　建设单位工程招标控制价计价程序

工程名称：　　　　　　　　　　　　　　标段：

序号	内容	计算方法	金额（元）
1	分部分项工程费	按计价规定计算	
1.1			
1.2			
1.3			
1.4			
1.5			
2	措施项目费	按计价规定计算	
2.1	其中：安全文明施工费	按规定标准计算	
3	其他项目费		
3.1	其中：暂列金额	按计价规定估算	
3.2	其中：专业工程暂估价	按计价规定估算	
3.3	其中：计日工	按计价规定估算	
3.4	其中：总承包服务费	按计价规定估算	
4	规费	按规定标准计算	
5	税金(扣除不列入计税范围的工程设备金额)	（1+2+3+4）×规定税率	
招标控制价合计=1+2+3+4+5			

施工企业工程投标报价计价程序见表2-3。

表 2-3　施工企业工程投标报价计价程序

工程名称：　　　　　　　　　　　　标段：

序号	内容	计算方法	金额（元）
1	分部分项工程费	自主报价	
1.1			
1.2			
1.3			
1.4			
1.5			
2	措施项目费	自主报价	
2.1	其中：安全文明施工费	按规定标准计算	
3	其他项目费		
3.1	其中：暂列金额	按招标文件提供金额计列	
3.2	其中：专业工程暂估价	按招标文件提供金额计列	
3.3	其中：计日工	自主报价	
3.4	其中：总承包服务费	自主报价	
4	规费	按规定标准计算	
5	税金（扣除不列入计税范围的工程设备金额）	（1+2+3+4）×规定税率	
投标报价合计=1+2+3+4+5			

竣工结算计价程序见表2-4。

表 2-4　竣工结算计价程序

工程名称：　　　　　　　　　　　　标段：

序号	汇总内容	计算方法	金额（元）
1	分部分项工程费	按合同约定计算	
1.1			
1.2			
1.3			
1.4			
1.5			

序号	汇总内容	计算方法	金额（元）
2	措施项目	按合同约定计算	
2.1	其中：安全文明施工费	按规定标准计算	
3	其他项目		
3.1	其中：专业工程结算价	按合同约定计算	
3.2	其中：计日工	按计日工签证计算	
3.3	其中：总承包服务费	按合同约定计算	
3.4	索赔与现场签证	按发承包双方确认数额计算	
4	规费	按规定标准计算	
5	税金（扣除不列入计税范围的工程设备金额）	（1+2+3+4）×规定税率	
竣工结算总价合计=1+2+3+4+5			

2.3 设备及工、器具购置费用的构成

设备及工器具费由设备购置费和工器具、生产家具购置费组成。它是固定资产投资中的组成部分。在生产性工程建设中，设备、工器具费用与资本的有机构成相联系。设备、工器具费用占工程造价比重的增大，意味着生产技术的进步和资本有机构成的提高。

2.3.1 设备购置费的组成

设备购置费是指建设项目购置或者自制的达到固定资产标准的各种国产或者进口设备、工具、器具的购置费用。固定资产是指为生产商品、提供劳务、对外出租或经营管理而持有的，使用寿命超过一年会计年度的有形资产。新建项目和扩建项目的新建车间购置或自制的全部设备、工具、器具，无论是否达到固定资产标准，均计入设备、工器具购置费中。设备购置费包括设备原价和设备运杂费，即

$$设备购置费=设备原价或进口设备抵岸价+设备运杂费$$

式中，设备原价是指国产标准设备、非标准设备原价；设备运杂费主要由运费和装卸费、包装费、设备供销部门手续费、采购与保管费组成。

1. 国产设备

1）国产标准设备原价

国产标准设备是指按照主管部门颁布的标准图纸和技术要求，由我国设备生产厂批量生产的，符合国家质量检测标准的设备。国产标准设备原价有两种，即带有备件的原价和不带有备件的原价。在计算时，一般采用带有备件的原价。

2）国产非标准设备原价

国产非标准设备是指国家尚无定型标准，各设备生产厂不可能在工艺过程中采用批量生产，只能按一次订货，并根据具体的设计图纸制造的设备。非标准设备原价有多种不同的计算方法，如成本计算估价法、系列设备插入估价法、分部组合估价法、定额估价法等。但无论采用哪种方法都应该使非标准设备计价接近实际出厂价，并且计算方法要简便。按成本计算估价法，非标准设备的原价由以下各项组成：

（1）材料费，其计算公式如下：

$$材料费=材料净重×（1+加工损耗系数）×每吨材料综合价 \qquad （2-37）$$

（2）加工费，包括生产工人工资和工资附加费、燃料动力费、设备折旧费、车间经费等。其计算公式如下：

$$加工费=设备总重量（吨）×设备每吨加工费 \qquad （2-38）$$

（3）辅助材料费（简称辅材费），包括焊条、焊丝、氧气、氩气、氮气、油漆、电石等费用。其计算公式如下：

$$辅助材料费=设备总重量×辅助材料费指标 \qquad （2-39）$$

（4）专用工具费。按（1）～（3）项之和乘以一定百分比计算。

（5）废品损失费。按（1）～（4）项之和乘以一定百分比计算。

（6）外购配套件费。按设备设计图纸所列的外购配套件的名称、型号、规格、数量、重量，根据相应的价格加运杂费计算。

（7）包装费。按以上（1）～（6）项之和乘以一定百分比计算。

（8）利润。可按（1）～（5）项加第（7）项之和乘以一定利润率计算。

（9）税金。主要指增值税。其计算公式为：

$$增值税=当期销项税额-进项税额 \qquad （2-40）$$

$$当期销项税额=销售额×适用增值税率 \qquad （2-41）$$

式中，销售额为（1）～（8）项之和。

（10）非标准设备设计费。按国家规定的设计费收费标准计算。

综上所述，单台非标准设备原价可用下面的公式表达：

$$单台非标准设备原价=\{[（材料费+加工费+辅助材料费）×（1+专用工具费率）×（1+废品损失费率）+外购配套件费]×（1+包装费率）-外购配套件费\}×（1+利润率）+销项税额+非标准设备设计费+外购配套件费 \qquad （2-42）$$

在用成本计算估价法计算非标准设备原价时，外购配套件费计取包装费，但不计取利润，非标准设备设计费不计取利润，增值税指销项税额。

2. 进口设备

1）交货方式

进口设备的交货方式类别可分为内陆交货类、目的地交货类、装运港交货类。

（1）内陆交货类。

内陆交货类，即卖方在出口国内陆的某个地点交货。在交货地点，卖方及时提交合同规定的货物和有关凭证，并负担交货前的一切费用和风险；买方按时接受货物，交付货款，负担接货后的一切费用和风险，并自行办理出口手续和装运出口。货物的所有权也在交货后由卖方转移给买方。

（2）目的地交货类。

目的地交货类，即卖方在进口国的港口或内地交货，有目的港船上交货价、目的港船边交货价（FOS）和目的港码头交货价（关税已付）及完税后交货价（进口国的指定地点）等几种交货价。其特点是，买卖双方承担的责任、费用和风险是以目的地约定交货点为分界线，只有当卖方在交货点将货物置于买方控制下才算交货，才能向买方收取货款。这种交货类别对卖方来说承担的风险较大，在国际贸易中卖方一般不愿采用。

（3）装运港交货类。

装运港交货类，即卖方在出口国装运港交货，主要有装运港船上交货价（FOB），习惯称离岸价格，运费在内价（C8LF）和运费、保险费在内价（CIF），习惯称到岸价格。其特点：卖方按照约定的时间在装运港交货，只要卖方把合同规定的货物装船后提供货运单据便完成交货任务，可凭单据收回货款。

装运港船上交货价（FOB）是我国进口设备采用最多的一种货价。采用船上交货价时卖方的责任：在规定的期限内，负责在合同规定的装运港口将货物装上买方指定的船只，并及时通知买方；负担货物装船前的一切费用和风险，负责办理出口手续；提供出口国政府或有关方面签发的证件；负责提供有关装运单据。买方的责任：负责租船或订舱，支付运费，并将船期、船名通知卖方；负担货物装船后的一切费用和风险；负责办理保险及支付保险费，办理在目的港的进口和收货手续；接受卖方提供的有关装运单据，并按合同规定支付货款。

2）交易价格术语

在国际贸易中，较为广泛使用的交易价格术语有 FOB、CFR 和 CIF。

（1）装运港交货类：主要有装运港船上交货价（FOB 即 Free On Board），习惯称离岸价格。FOB 是指当货物在指定的装运港越过船舷，卖方即完成交货义务。风险转移，以在指定的装运港货物越过船舷时为分界点。费用划分与风险转移的分界点相一致。其特点：卖方按照约定的时间在装运港交货，只要卖方把合同规定的货物装船后提供货运单据便完成交货任务，可凭单据收回货款。

在 FOB 交货方式下，卖方的基本义务：① 办理出口清关手续，自负风险和费用，领取出口许可证及其他官方文件。② 在约定的日期或期限内，在合同规定的装运港，按港口惯常的方式，把货物装上买方指定的船只，并及时通知买方。③ 承担货物在装运港越过船舷之前的一切费用和风险。④ 向买方提供商业发票和证明货物已交至船上的装运单据或具有同等效力的电子单证。

买方的基本义务：① 负责租船订舱，按时派船到合同约定的装运港接运货物，支付运费，并将船期、船名及装船地点及时通知卖方。②负担货物在装运港越过船舷时的各种费用以及货物灭失或损坏的一切风险。③负责获取进口许可证或其他官方文件，以及办理货物入境手续。④受领卖方提供的各种单证，按合同规定支付货款。

（2）CFR 即 cost and freight，意为成本加运费，或称之为运费在内价。CFR 是指卖方必须负担货物运至目的港所需的成本和运费，在装运港货物越过船舷才算完成其交货义务。风险转移，以在装运港货物越过船舷为分界点。

在 CFR 交货方式下，卖方的基本义务：①提供合同规定的货物，负责订立运输合同，并租船订舱，在合同规定的装运港和规定的期限内，将货物装上船并及时通知买方，支付运至目的港的运费。②负责办理出口请关手续，提供出口许可证或其他官方批准的证件。③承担货物在装运港越过船舷之前的一切费用和风险。④按合同规定提供正式有效的运输单据、发票或具有同等效力的电子单证。

买方的基本义务：①承担货物在装运港越过船舷以后的一切风险及运输送中因遭遇风险所引起的额外费用。②在合同规定的目的港受领货物，办理进口清关手续，交纳进口税。③受领卖方 CFR 提供的各种约定的单证，并按合同规定支付货款。

（3）CIF 即 Cost Insurance and Freight，意为成本加保险费、运费，习惯称到岸价格。在 CIF 术语中，卖方除负有与 CFR 相同的义务外，还应办理货物在运输途中最低险别的海运保险，并应支付保险费。如买方需要更高的保险险别，则需要与卖方明确地达成协议，或者自行做出额外的保险安排。除保险这项义务之外，买方的义务也与 CFR 相同。

3）进口设备抵岸价的构成

进口设备如果采用装运港交货类（FOB），是指抵达买方边境港口或边境车站，且交完关税为止形成的价格，它基本上包括两大部分内容，即货价和从属费用。抵岸价格通俗地讲是到岸价格加上银行财务费、外贸手续费、关税、增值税、消费税、海关监管手续费、车辆购置附加费，即

进口设备抵岸价=货价+国际运费+国外运输保险费+银行财务费+外贸手续费+进口关税+增值税+消费税+海关监管手续费+车辆购置附加税　　　　　　　　　　　　　　（2-43）

（1）进口设备的货价。

进口设备的货价一般指装运港船上交货价（FOB）。设备货价分为原币货价和人民币货价，原币货价一律折算为美元表示，人民币货价按原币货价乘以外汇市场美元兑换人民币中间价确定。进口设备货价按有关生产厂商询价、报价、订货合同价计算。

$$货价=离岸价（FOB 价）×人民币外汇牌价 \qquad (2-44)$$

（2）国际运费。

国际运费从装运港（站）到达我国抵达港（站）的运费。我国进口设备大部分采用海洋运输，小部分采用铁路运输，个别采用航空运输。进口设备国际运费计算公式为

$$国际运费（海、陆、空）=离岸价（FOB）×运费率$$
$$或国际运费（海、陆、空）=运量×单位运价 \qquad (2-45)$$

式中，运费率或单位运价参照有关部门或进出口公司的规定执行。

（3）国外运输保险费。

对外贸易货物运输保险是由保险人（保险公司）与被保险人（出口人或进口人）订立保

险契约，在被保险人交付议定的保险费后，保险人根据保险契约的规定对货物在运输过程中发生的承保责任范围内的损失给予经济上的补偿。这是一种财产保险。计算公式：

$$运输保险费 = \frac{原币货价（FOB价）+国外运输费}{1-保险费率} \times 保险费率 \qquad （2-46）$$

式中：保险费率按保险公司规定的进口货物保险费率计算。

（4）银行财务费。

一般是指中国银行手续费，可按下式简化计算：

银行财务费=离岸价（FOB价）×银行财务费率

（5）外贸手续费。

外贸手续费指委托具有外贸经营权的经贸公司采购而产生的外贸手续费率计取的费用。计算公式：

$$外贸手续费 = 进口设备到岸价 \times 人民币外汇牌价 \times 外贸手续费率 \qquad （2-47）$$

$$进口设备到岸价（CIF）= 离岸价（FOB）+国外运费+国外运输保险费 \qquad （2-48）$$

（6）进口关税。

关税是由海关对进出国境或关境的货物和物品征收的一种税。计算公式：

$$关税 = 到岸价格（CIF）\times 人民币外汇牌价 \times 进口关税税率 \qquad （2-49）$$

到岸价格（CIF）包括离岸价格（FOB）、国际运费、运输保险费，它作为关税完税价格。进口关税税率分为优惠和普通两种。优惠税率适用于与我国签订关税互惠条款的贸易条约或协定的国家的进口设备；普通税率适用于未与我国签订关税互惠条款的贸易条约或协定的国家的进口设备。进口关税税率按我国海关总署发布的进口关税税率计算。

（7）增值税。

增值税是对从事进口贸易的单位和个人，在进口商品报关进口后征收的税种。我国增值税条例规定，进口应税产品均按组成计税价格和增值税税率直接计算应纳税额，即：

$$进口产品增值税额 = 组成计税价格 \times 增值税税率 \qquad （2-50）$$

$$组成计税价格 = 关税完税价格 + 关税 + 消费税 \qquad （2-51）$$

式中：增值税税率根据规定的税率计算。

（8）消费税。

对部分进口设备（如轿车、摩托车等）征收，其一般计算公式：

$$应纳消费税 = \frac{到岸价+关税}{1-消费税税率} \times 消费税税率 \qquad （2-52）$$

式中：消费税税率根据规定的税率计算。

（9）海关监管手续费。

海关监管手续费指海关对进口减税、免税、保税货物实施监督管理、提供服务的手续费。对全额征收进口关税的货物不计本项费用。计算公式：

$$海关监管手续费 = 到岸价 \times 海关监管手续费率 \qquad （2-53）$$

（10）车辆购置附加费。

进口车辆需缴进口车辆购置附加费。其计算公式如下：

$$进口车辆购置附加费=（到岸价+关税+消费税+增值税）×$$

$$进口车辆购置附加费率 \qquad （2-54）$$

3. 设备运杂费的构成及计算

1）设备运杂费的构成

设备运杂费通常由下列各项构成：

（1）运费和装卸费。

国产设备由设备制造厂交货地点起至工地仓库（或施工组织设计指定的需要安装设备的堆放地点）止所产生的运费和装卸费；进口设备则由我国到岸港口或边境车站起至工地仓库（或施工组织设计指定的需安装设备的堆放地点）止所发生的运费和装卸费。

（2）包装费。

在设备原价中未包含的，为运输而进行的包装支出的各种费用。

（3）设备供销部门的手续费。

按有关部门规定的统一费率计算。

（4）采购与仓库保管费。

采购与仓库保管费指采购、验收、保管和收发设备所产生的各种费用，包括设备采购人员、保管人员和管理人员的工资、工资附加费、办公费、差旅交通费，设备供应部门办公和仓库所占固定资产使用费、工具用具使用费、劳动保护费、检验试验费等。这些费用可按主管部门规定的采购与保管费费率计算。

2）设备运杂费的计算

设备运杂费按设备原价乘以设备运杂费率计算，其计算公式：

$$设备运杂费=设备原价×设备运杂费率 \qquad （2-55）$$

式中：设备运杂费率按各部门及省、市等的规定计取。

2.3.2 工具、器具及生产家具购置费的构成

工具、器具及生产家具购置费，是指新建或扩建项目初步设计规定的，保证初期正常生产必须购置的未达到固定资产标准的设备、仪器、工卡模具、器具、生产家具和备品备件等的购置费用。一般以设备费为计算基数，按照部门或行业规定的工具、器具及生产家具费率计算。其计算公式：

$$工器具及生产家具购置费=设备购置费×费率 \qquad （2-56）$$

2.4 工程建设其他费用

工程建设其他费用，是指从工程筹建起到工程竣工验收交付生产或使用为止的整个建设

期间，除建筑安装工程费用和设备及工、器具购置费用以外的，为保证工程建设顺利完成和交付使用后能够正常发挥效益或效能而产生的各项费用。工程建设其他费用按资产属性分别形成固定资产、无形资产和其他资产（递延资产）。

1. 固定资产其他费用

1）建设管理费

建设管理费是指建设单位从项目筹建开始直至工程竣工验收合格或交付使用为止产生的项目建设管理费用。费用内容包括：

（1）建设单位管理费：建设单位发生的管理性质的开支。其包括工作人员工资、工资性补贴、施工现场津贴、职工福利费、住房基金、基本养老保险、基本医疗保险费、失业保险费、工伤保险费、办公费、差旅交通费、劳动保护费、工具用具使用费、固定资产使用费、必要的办公及生活用品购置费、必要的通信设备及交通工具购置费、零星固定资产购置费、招募生产工人费、技术图书资料费、业务招待费、设计审查费、工程招标费、合同契约公证费、法律顾问费、咨询费、完工清理费、竣工验收费、印花税和其他管理性质开支。

（2）工程监理费：建设单位委托工程监理单位实施工程监理的费用。

（3）工程质量监督费：工程质量监督检验部门检验工程质量而收取的费用。

（4）招标代理费：建设单位委托招标代理单位进行工程、设备材料和服务招标支付的服务费用。

（5）工程造价咨询费：建设单位委托具有相应资质的工程造价咨询企业代为进行工程建设项目的投资估算、设计概算、施工图预算、标底或招标控制价、工程结算等或进行工程建设全过程造价控制与管理所产生的费用。

（6）建设单位租用建设项目土地使用权在建设期支付的租地费用。

2）可行性研究费

可行性研究费是指在建设项目前期工作中，编制和评估项目建议书（或预可行性研究报告）、可行性研究报告所需的费用。

3）研究试验费

研究试验费是指为本建设项目提供或验证设计数据、资料等进行必要的研究试验及按照设计规定在建设过程中必须进行试验、验证所需的费用。

4）勘察设计费

勘察设计费是指委托勘察设计单位进行工程水文地质勘察、工程设计所产生的各项费用。其包括工程勘察费、初步设计费（基础设计费）、施工图设计费（详细设计费）、设计模型制作费。

5）环境影响评价费

环境影响评价费是指按照《中华人民共和国环境保护法》《中华人民共和国环境影响评价法》等规定，为全面、详细评价本建设项目对环境可能产生的污染或造成的重大影响所需的费用。其包括编制环境影响报告书（含大纲）、环境影响报告表和评估环境影响报告书（含大纲）、评估环境影响报告表等所需的费用。

6）劳动安全卫生评价费

劳动安全卫生评价费是指按照劳动部《建设项目（工程）劳动安全卫生监察规定》和《建

设项目（工程）劳动安全卫生预评价管理办法》的规定，为预测和分析建设项目存在的职业危险、危害因素的种类和危险危害程度，并提出先进、科学、合理可行的劳动安全卫生技术和管理对策所需的费用。其包括编制建设项目劳动安全卫生预评价大纲和劳动安全卫生预评价报告书，以及为编制上述文件所进行的工程分析和环境现状调查等所需费用。

7）场地准备及临时设施费

场地准备及临时设施费是指建设场地准备费和建设单位临时设施费。

（1）场地准备费。建设项目为达到工程开工条件所发生的场地平整和对建设场地余留的有碍于施工建设的设施进行拆除清理的费用。

（2）临时设施费。为满足施工建设需要而供应到场地界区的、未列入工程费用的临时水、电、路、通信、气等其他工程费用和建设单位的现场临时建（构）筑物的搭设、维修、拆除、摊销或建设期间租赁费用，以及施工期间专用公路养护费、维修费。

8）引进技术和引进设备其他费

引进技术和引进设备其他费是指引进技术和设备发生的未计入设备费的费用，其内容包括：

（1）引进项目图纸资料翻译复制费、备品备件测绘费。

（2）出国人员费用，包括买方人员出国设计联络、出国考察、联合设计、监造、培训等所产生的旅费、生活费等。

（3）来华人员费用，包括卖方来华工程技术人员的现场办公费用、往返现场交通费用、接待费用等。

（4）银行担保及承诺费，指引进项目由国内外金融机构出面承担风险和责任担保所产生的费用，以及支付贷款机构的承诺费用。

9）工程保险费

工程保险费是指建设项目在建设期间根据需要对建筑工程、安装工程、机器设备和人身安全进行投保而产生的保险费用。其包括建筑安装工程一切险、引进设备财产保险和人身意外伤害险等。

10）联合试运转费

联合试运转费是指新建项目或新增加生产能力的工程，在交付生产前按照批准的设计文件所规定的工程质量标准和技术要求，进行整个生产线或装置的负荷联合试运转或局部联动试车所发生的费用净支出（试运转支出大于收入的差额部分费用）。试用转支出包括试运转所需原材料、燃料及动力消耗、低值易耗品、其他物料消耗、工具用具使用费、机械使用费、保险金、施工单位参加试运转人员工资以及专家指导费等；试运转收入包括试运转期间的产品销售收入和其他收入。

11）特殊设备安全监督检验费

特殊设备安全监督检验费是指在施工现场组装的锅炉及压力容器、压力管道、消防设备、燃气设备、电梯等特殊设备核设施，由安全监察部门按照有关安全检查条例和实施细则以及设计技术要求进行安全检验，应由建设项目支付的、向安全监察部门缴纳的费用。

12）市政公用设施费

市政公用设施费是指使用市政公用设施的建设项目，按照项目所在地省一级人民政府有关规定建设或缴纳的市政公用设施建设配套费用，以及绿化工程补偿费用。

2. 形成无形资产费用

1）建设用地费

建设用地费是指按照《中华人民共和国土地管理法》等规定，建设项目征用土地或租用土地应支付的费用。

（1）土地征用及补偿费。经营性建设项目通过出让方式购置的土地使用权（或建设项目通过划拨方式取得无限期的土地使用权）而支付的土地补偿费、安置补偿费、地上附着物和青苗补偿费、余物迁建补偿费、土地登记管理费等；行政事业单位的建设项目通过出让方式取得土地使用权而支付的出让金；建设单位在建设过程中产生的土地复垦费用和土地损失补偿费用；建设期间临时占地补偿费。

（2）征用耕地按规定一次性缴纳的耕地占用税。征用城镇土地在建设期间按规定每年缴纳的城镇土地使用税；征用城市郊区菜地按规定缴纳的新菜地开发建设基金。

2）专利及专有技术使用费

包括：

（1）国外设计及技术资料费、引进有效专利、专有技术使用费和技术保密费。

（2）国内有效专利、专有技术使用费用。

（3）商标权、商誉和特许经营权费等。

3. 形成其他资产费用（递延资产）

形成其他资产费用（递延资产）的有生产准备及开办费，是指建设项目为保证正常生产（或营业、使用）而产生的人员培训费、提前进场费以及投产使用必备的生产办公、生活家具用具及工器具等购置费用。其包括：

（1）人员培训费及提前进厂费。自行组织培训或委托其他单位培训的人员工资、工资性补贴、职工福利费、差旅交通费、劳动保护费、学习资料费等。

（2）为保证初期正常生产（或营业、使用）所必需的生产办公、生活家具用具购置费。

（3）为保证初期正常生产（或营业、使用）必需的第一套不够固定资产标准的生产工具、器具、用具购置费，不包括备品备件费。

一些具有明显行业特征的工程建设其他费用项目，如移民安置费、水资源费、水土保持评价费、地震安全性评价费、地质灾害危险性评价费、河道占用补偿费、超限设备运输特殊措施费、航道维护费、植被恢复费、种质检测费、引种测试费等，在一般建设项目很少产生，各省（自治区、直辖市）、各部门有补充规定或具体项目产生时依据有关政策规定列入。

2.5 预备费、建设期贷款利息

除建筑安装工程费用、工程建设其他费用以外，在编制建设项目投资估算、设计总概算时，应计算预备费、建设期贷款利息和固定资产投资方向调节税。

1. 预备费

按我国现行规定，预备费包括基本预备费和价差预备费两种。

1）基本预备费

基本预备费是指在投资估算或设计概算内难以预料的工程费用，费用内容包括：

（1）在批准的初步设计范围内，技术设计、施工图设计及施工过程中所增加的工程费用；设计变更、局部地基处理等增加的费用。

（2）一般自然灾害造成的损失和预防自然灾害所采取的措施费用。实行工程保险的工程项目费用应适当降低。

（3）竣工验收时为鉴定工程质量，对隐蔽工程进行必要的挖掘和修复费用。

（4）超长、超宽、超重引起的运输增加费用等。

基本预备费估算，一般是以建设项目的工程费用和工程建设其他费用之和为基础，乘以基本预备费率进行计算。基本预备费率的大小，应根据建设项目的设计阶段和具体的设计深度，以及在估算中所采用的各项估算指标与设计内容的贴近度、项目所属行业主管部门的具体规定确定。

2）价差预备费

价差预备费是指建设项目建设期间，由于价格等变化引起工程造价变化的预测预留费用。费用内容包括：人工、设备、材料、施工机械的价差费，建筑安装工程费及工程建设其他费用调整、利率、汇率调整等增加的费用。

价差预备费的测算，一般根据国家规定的投资综合价格指数，按估算年份价格水平的投资额为基数，根据价格变动趋势，预测价值上涨率，采用复利方法计算。

2. 建设期贷款利息

建设期贷款利息指在项目建设期发生的支付银行贷款、出口信贷、债券等的借款利息和融资费用。大多数的建设项目都会利用贷款来解决自有资金的不足，以完成项目的建设，从而达到项目运行获取利润的目的。利用贷款必须支付利息和各种融资费用，所以，在建设期支付的货款利息也构成了项目投资的一部分。

建设期贷款利息的估算，根据建设期资金用款计划，可按当年借款在当年年中支用考虑，即当年借款接半年计息，上年借款按全年计息。利用国外贷款的利息计算中，年利率应综合考虑贷款协议中向贷款方加收的手续费、管理费、承诺费；以及国内代理机构向货款方收取的转贷费、担保费和管理费等。

3　招投标方式与工程造价

3.1　传统的采购模式

3.1.1　概　述

1. 招标投标的基本概念

招标投标是市场经济中的一种竞争方式，通常适用于大宗交易。其特点是由唯一的买主（或卖主）设定标的，招请若干个卖主（或买主）通过秘密报价进行竞争，从中选择优胜者与之达成交易协议，随后按协议实现标的。

建设项目招标投标是国际上广泛采用的业主择优选择工程承包商的主要交易方式。招标的目的是为计划兴建的工程项目选择适当的承包商，将全部工程或其中某一部分工作委托这个（些）承包商负责完成。承包商则通过投标竞争，决定自己的生产任务和销售对象，也就是使产品得到社会的承认，从而完成生产计划并实现盈利计划。为此承包商必须具备一定的条件，才有可能在投标竞争中获胜，为业主所选中。这些条件主要是一定的技术、经济实力和管理经验，足以胜任承包的任务、效率高、价格合理以及信誉良好。

建设项目招标投标制是在市场经济条件下产生的，因而必然受竞争机制、供求机制、价格机制的制约。招标投标意在鼓励竞争，防止垄断。

2. 建设工程招标的范围

为了确定必须进行招标的工程建设项目的具体范围和规模标准，规范招标投标活动，根据《中华人民共和国招标投标法》的规定，法定强制招标项目的范围有两类：一是法律明确规定必须进行招标的项目；二是依照其他法律或者国务院的规定必须进行招标的项目。

《中华人民共和国招标投标法》明确规定必须进行招标采购的工程建设项目，包括项目的勘察、设计、施工、监理以及与工程建设有关的重要设备、材料等的采购。凡是属于《工程建设项目招标范围和规模标准规定》内的建设项目，都必须进行招标。

对于招标范围的规定，工程建设项目招标范围包括：

1）关系社会公共利益、公众安全的基础设施项目

（1）煤炭、石油、天然气、电力、新能源等能源项目。

（2）铁路、公路、管道、水运、航空以及其他交通运输业等交通运输项目。

（3）邮政、电信枢纽、通信、信息网络等邮电通讯项目。

（4）防洪、灌溉、排涝、引（供）水、滩涂治理、水土保持、水利枢纽等水利项目。

（5）道路、桥梁、地铁和轻轨交通、污水排放及处理、垃圾处理、地下管道、公共停车

场等城市设施项目。

（6）生态环境保护项目。

（7）其他基础设施项目。

2）关系社会公共利益、公众安全的公用事业项目

（1）供水、供电、供气、供热等市政工程项目。

（2）科技、教育、文化等项目。

（3）体育、旅游等项目。

（4）卫生、社会福利等项目。

（5）商品住宅，包括经济适用住房。

（6）其他公用事业项目。

3）使用国有资金投资项目

（1）使用各级财政预算资金的项目。

（2）使用纳入财政管理的各种政府性专项建设基金的项目。

（3）使用国有企业事业单位自有资金，并且国有资产投资者实际拥有控制权的项目。

4）国家融资项目

（1）使用国家发行债券所筹资金的项目。

（2）使用国家对外借款或者担保所筹资金的项目。

（3）使用国家政策性贷款的项目。

（4）国家授权投资主体融资的项目。

5）使用国际组织或者外国政府资金的项目

（1）使用世界银行、亚洲开发银行等国际组织贷款资金的项目。

（2）使用外国政府及其机构贷款资金的项目。

（3）使用国际组织或者外国政府援助资金的项目。

对于招标规模标准的规定，对以上规定范围内的各类工程建设项目，包括项目的勘察、设计、施工、监理以及与工程建设有关的重要设备、材料等的采购，达到下列标准之一的，必须进行招标：

（1）施工单项合同估算价在 400 万元人民币以上的。

（2）重要设备、材料等货物的采购，单项合同估算价在 200 万元人民币以上的。

（3）勘察、设计、监理等服务的采购，单项合同估算价在 100 万元人民币以上的。

（4）单项合同估算价低于第（1）、（2）、（3）项规定的标准，但项目总投资额在 3 000 万元人民币以上的。

建设项目的勘察、设计，采用特定专利或者专有技术的，或者其建筑艺术造型有特殊要求的，经项目主管部门批准，可以不进行招标。

依法必须进行招标的项目，全部使用国有资金投资或者国有资金投资占控股或者主导地位的，应当公开招标。

招标投标活动不受地区、部门的限制，不得对潜在投标人实行歧视待遇。

省、自治区、直辖市人民政府根据实际情况，可以规定本地区必须进行招标的具体范围和规模标准，但不得缩小本规定确定的必须进行招标的范围。

国家发展计划委员会可以根据实际需要，会同国务院有关部门对本规定确定的必须进行

招标的具体范围和规模标准进行部分调整。

3. 建设工程招标方式

建设工程的招标方式分为公开招标和邀请招标两种。依法可以不进行施工招标的建设项目，经过批准后可以不通过招标的方式直接将建设项目授予选定承包商。

1）公开招标

公开招标是指招标人以招标公告的方式邀请不特定的法人或其他组织投标。公开招标又称无限竞争性招标，是一种由招标人按照法定程序在公开出版物（指报刊、广播、网络等公告媒体）上发布招标公告，所有符合条件的供应商或者承包商都可以平等参加投标竞争，招标人从中择优选择中标者的招标方式。

公开招标的优点在于能够在最大限度内选择投标商，竞争性更强，择优率更高，同时也可以在较大程度上避免招标活动中的贿标行为，为潜在的投标人提供均等的机会，达到节约资金、保证工程质量、缩短建设工期的目的。因此，国际上政府采购通常采用这种方式。

但是公开招标由于投标人众多，存在着工作量大，周期长，花费人力、物力、财力等多方面的不足。因此对于采购标的较小的招标来说，不宜采用公开招标的方式；另外还有些专业性较强的项目，由于有资格承接的潜在投标人较少，或者需要在较短时间内完成采购任务等，最不宜采用公开招标的方式。

2）邀请招标

邀请招标是指业主以投标邀请书的方式邀请特定的法人或者其他组织投标。邀请招标也称为有限竞争招标，是一种由招标人选择若干符合招标条件的供应商或者承包商，向其发出投标邀请，由被邀请的供应商、承包商投标竞争，从中选定中标者的招标方式。依法可以采用邀请招标的建设项目，必须经过批准后方可进行邀请招标。招标人应当向 3 家以上具备承担招标项目的能力、资信良好的特定的法人或其他组织发出投标邀请书。

邀请招标的特点：

（1）招标人在一定范围内邀请特定的法人或其他组织投标。与公开招标不同，邀请招标不需向不特定的人发出邀请，但为保证招标的竞争性，邀请招标的特定对象也应当有一定的范围，根据《中华人民共和国招标投标法》第十七条规定，招标人应当向 3 个以上的潜在投标人发出邀请。

（2）邀请招标不需发布招标公告，招标人只要向特定的潜在投标人发出投标邀请。接受投标邀请的人才有资格参加投标，其他人无权索要招标文件，不得参加投标。

邀请招标的优点：

（1）招标人可以直接选择确定资质等级高、技术力量雄厚、各方面信誉好的投标人参与竞标，如果操作得当，从某种程度上讲，这种有限的竞争可能比公开招标的竞争更为激烈。

（2）由于被邀请参加投标的竞争者有限，不仅可以节约招标费用，还可以提高每个投标者的中标机会。

（3）技术要求复杂或有特殊专业要求的项目发包，只有少数潜在投标人可供选择，采用邀请招标，可以缩短招标时间，提前带来效益。

但是邀请招标的招标方式决定其招标人可以直接选择确定投标人，会使得投标人的竞争带有局限性，不利于充分竞争。

公开招标与邀请招标的主要区别表现在：

（1）发布信息方式不同。

（2）竞争强弱不同。

（3）时间和费用不同。

（4）公开程度不同。

（5）招标程序不同。

（6）适用条件不同。

4. 建设工程招标的类型

按招标范围不同，可将建设工程招标分为全过程招标、单项招标和专项招标三大类。

1）全过程招标

全过程招标是指从工程项目可行性研究开始，包括可行性研究、勘察设计、设备材料采购、工程施工、生产准备、投料试车，直至投产交付使用为止全部工作内容的招标。全过程招标一般由业主选定总承包单位，再由其去组织各阶段的实施工作。无论是由项目管理公司、设计单位，还是施工企业作为总承包单位，鉴于其专业特长、实施能力等方面的限制，合同执行过程中不可避免地采用分包方式实施。

全过程招标由于对总承包单位要求的条件较高，有能力承担该项任务的单位较少，大多以议标方式选择总承包单位，而且在实施过程中由总承包单位向分包商收取协调管理费，因此，承包价格要比业主分别对不同工作内容单独招标高。这种招标方式大多适用于业主对工程项目建设过程管理能力较差的中小型工程，业主基本上不再参与实施过程中的管理，只是宏观地对建设过程进行监督和控制。这种方式的优点是可充分发挥工程承包公司已有的经验，节约投资，缩短工期，避免由于业主对建设项目管理方面经验不足而对项目造成损失。

2）单项招标

单项招标是指工程规模或工作内容复杂的建设项目，业主对不同阶段的工作、单项工程或不同专业工程分别单独招标，将分解的工作内容直接发包给各种不同性质的单位实施，如勘察设计招标、物质供应招标、土建工程招标、安装工程招标等。单项招标包括如下内容：

（1）可行性研究。

可行性研究是指在建设项目投资决策前对有关建设方案、技术方案或生产经营方案进行的技术经济论证，以便进行投资决策。可行性研究可以通过招标的方式委托专门的咨询机构或设计机构进行承包，不论研究结论是否可行，也不论委托人是否采纳，都应按照事先签订的协议支付报酬。但是可行性研究的结论如被采纳，而由于其错误判断使投资者蒙受经济损失，委托人可依法向承担研究的咨询机构或设计机构索取补偿。

（2）编制设计任务书。

编制设计任务书可由业主编制，当业主在此领域内专业知识不足时，可以通过招标方式委托专业咨询机构或设计单位完成。

（3）建设监理。

为了加强对工程项目的管理，项目业主可以将与有关承包方签订的各类合同的履行过程中的监督、协调、管理、控制等任务交由监理单位实施。为了择优选择监理单位，招标是最佳的选择方式。

（4）勘察设计。

工程勘察主要包括工程测量、水文地质勘察以及工程地质勘察。工程勘察设计招标是指业主就拟建工程的勘察和设计任务以法定方式吸引勘察单位和设计单位参加竞争，经业主审查获得投标资格的勘察、设计单位，按照招标文件的要求，在规定的时间内向招标单位填报投标书，业主从中择优确定承包商完成工程勘察或设计任务。

（5）工程施工。

工程施工包括施工现场准备、土建工程、设备安装工程、环境绿化工程等。在施工阶段，还可以根据不同的承包方式，进一步划分以下 3 种类型：

① 包工包料承包。

承包商承包工程施工所用的全部人工和材料。

② 包工部分包料承包。

承包商只负责提供施工的全部人工和一部分材料，其余部分则由建设单位或总包单位负责供应。

③ 包工不包料承包。

承包商仅提供劳务而不承担供应任何材料的义务。

（6）材料、设备采购。

对材料、设备供应进行招标，一般是由业主按招标程序直接招标。

（7）生产职工培训。

为了使新建项目建成后能及时交付使用或投入生产，在建期间就必须进行干部和技术工人的培训。这项工作通常有业主负责组织，但是在实行统包的情况下，则包括在承包单位的业务范围之内，也可单独进行招标，委托适当的专业机构完成培训任务。

（8）工程项目管理。

工程项目管理的服务对象可以是业主，也可以是承包商，其任务是有效地利用资金和资源，以确保工程项目总目标的实现。具体内容因对象不同而有所差异，此工作可以委托专门的项目管理机构实施。

3）专项招标

专项招标是指某一建设阶段的某一专门项目，由于专业性较强，通过招标择优选择专业承包商来完成，如勘察设计阶段的工程地质勘察、洪水水源勘察、基础或结构工程设计、工艺设计，施工阶段的基础施工、金属结构制作和安装等。

5. 建设工程招标投标程序

建设工程招标投标程序一般分为 3 个阶段：

（1）招标准备阶段：从办理招标申请到发出招标公告或者投标邀请书为止的时间段。

（2）招标阶段：也是投标人的投标阶段，发布招标公告或者投标邀请书之日起至投标截止之日的时间段。

（3）决标成交阶段：从开标之日（也是投标截止之日）起，到与中标人签订合同为止的阶段。

以施工公开招标为例，以上三阶段各方的主要工作内容如表 3-1 所示：

表 3-1 招投标工作内容

阶段	主要工作步骤	各方完成的主要工作内容	
		业主/监理方	承包商
招标准备	申请批准招标	向建设管理部门的招标管理机构提出招标申请	准备投标资料、项目资料等；研究招投标法规；组成投标小组
	组建招标机构		
	选择招标方式	1. 决定分标数量和合同类型； 2. 确定招标方式	
	准备招标文件	1. 招标公告； 2. 资格预审； 3. 招标文件	
	编制标底	编制标底或者投标控制价	
招标阶段	邀请承包商参加资格预审	1. 刊登资格预审广告； 2. 编制资格预审文件； 3. 发出资格预审文件	索购资格预审文件；填报和申请资格预审；回函收到通知
	资格预审	1. 分析资格预审材料； 2. 提出合格投标商多名； 3. 邀请合格投标商参加投标	回函收到邀请
	发售招标文件	发售招标文件	购买招标文件；编标
	投标者考察现场	1. 安排现场踏勘日期； 2. 现场介绍	参加现场踏勘；询价；准备投标书
	对招标文件澄清和补遗	向投标者颁发招标补遗	回函收到澄清和补遗
	投标者提问	1. 接受提问； 2. 以信件或者会谈方式答复	提出问题；参加标前会议；回函收到答复
	投标书的提交和接收	1. 接收投标书，记下日期时间； 2. 拒收过期投标书； 3. 保护有效投标书安全直至开标	递交投标书以及投标保函；回函收到过期投标书
决标成交阶段	开标	开标	参加开标会议
	评标	1. 初评标； 2. 评投标书； 3. 要求投标商提交澄清资料； 4. 召开澄清会议； 5. 编写评估报告； 6. 作出授标决定	提交澄清资料；参加澄清会议
	授标	1. 发出中标通知书； 2. 要求中标商提交履约保函； 3. 进行合同谈判； 4. 准备合同文件； 5. 签订合同； 6. 通知未中标者，并退回投标保函	回函收到中标通知书；提交履约保函；参加合同谈判；签订合同；未中标者回函收到通知

3.1.2 招投标对工程造价的影响

随着我国建筑市场大环境的日趋规范和完善，对于建筑工程需要使用招投标制，这是企业发展的必然选择。工程的招投标阶段也是确定建设施工合同的首要阶段，合同价就是中标价。招投标决策对于工程造价也会造成影响，投标人一般根据竞争对手的实力以及市场竞争的激烈程度来进行分析，结合本单位技术水平和施工能力，做出相关的投标决策，因此，在招投标阶段，对建筑工程造价进行有效控制，有利于降低工程造价，将工程总投资控制在一定的范围内。

在招投标阶段，建筑市场的供求状况也会对工程造价造成影响。在建筑市场内的供求关系，对工程造价有着直接的影响。当需求增加时，在成本中承包商加上较大的利润后，还是有把握中标。可是当市场萎缩时，竞争情况加剧，这时承包商为了中标，利润幅度下降甚至为零，也会对工程造价造成影响。

工程量的清单计价模式也会对招投标阶段的工程造价造成影响。工程量的清单计价模式，使得工程造价更加接近于工程的实际价值。在新的有效的计价模式下，由招标人提供工程量，基于在工程量清单上列出的量值，报价人进行竞争性报价，新的计价模式能够在真正意识上实现对于工程造价的动态控制。

在招投标阶段，建设单位对于新技术的应用程度以及对于产品的质量要求，都会对工程造价产生影响。所有商品，都有自身的质量标准，建筑产品也是如此。倘若建设单位为了缩短建设工期或者获得更高的质量，就必须付出一些经济代价。此外，新施工、新技术的方法应用，存在着一定的风险。在报价时，承包商应该适当地考虑这类风险因素。

工程建设过程中，对工程造价进行有效的控制是保证招投标双方利益的重要手段之一。

工程招投标阶段对工程造价控制有着重要性，在工程招投标阶段，实施有效的控制，对整个工程建设阶段的造价控制都具有重要的影响。首先，工程招投标阶段，对投标人的资质审核是进行工程造价控制的前提条件，特别是对于大型建设工程来说，只有保证中标企业具有一定的资质，具有良好的信誉、较高的管理水平以及施工水平，才能为工程按期高质量完成提供保障。其次，投标人施工组织设计评审包括标底能够与市场实际情况相结合，施工工艺流程、施工方法、质量标准、质量保证体系等，是投标人符合国家相关法律法规的要求，发挥其对工程造价的初步控制标人管理水平的具体表现，也是施工安全、质量、工期的重要保证，同时也是造价控制的基础。最后，投标人根据施工组织加强工程采购招标控制方案以及自身的实际情况，结合投标竞价对手的报价，编制投标报价，由于投标报价各种因素的影响，给投标企业带来一定的风险，所以必须加强对投标施工组织的评审，避免不合理投资现象，同时这也是调整造价、控制造价的关键。

工程招投标阶段造价控制具体措施主要有以下 6 个方面。

1. 选择高素质招标代理机构

招投标代理机构在工程招投标阶段发挥着重要的作用，能够在满足招标要求的基础上，严格地按照相关法律法规，确保工程在招投标阶段不与相关法律发生冲突，确保工程招投标阶段相关文件、活动的合法性，维护招投标双方的合法权益。选择一家高素质的招投标代理机构，不仅能够做到落实上述要求，还能够有效地提高工程招投标效率。

2. 做好图纸会审、招标文件编制工作

在工程招投标文件编制前，应该做好施工图纸的会审工作。一般来说，招标代理机构需要组织相关的单位，包括投标单位、设计单位等，在施工图会审过程中，及时发现问题并提出整改意见，由设计单位具体实施，避免招标后发现问题，导致设计变更，增加造价成本。

对于招投标文件的编制工作，应该确保其具有一定的操作性与针对性，要求招投标文件内容全面、合理、准确。招投标文件中应该明确相关条款，确认工程承包范围、计价方式、承包方式、报价等，避免出现模糊不清等情况。只有确保招投标文件的合理性，才能发挥其对工程施工的指导作用，发挥其对工程造价有效控制的作用。另外，招投标文件的编制也是招投标双方签订施工合同的依据与基础。

3. 对工程量清单编制进行有效的控制

工量清单编制质量决定了清单能否准确反映工程实际程工程量，对工程造价控制具有重要的影响。这就要求选择专业的编制单位进行工程量清单编制，并做好标底最后确定工作。提高工程量清单编制质量，能够确保工程造价准确，并且避免工程施工过程中索赔事件，保证工程按期高质量完工。

做好工程量清单编制工作，主要体现在以下几个方面：

（1）在全面收集工程资料的过程中，应该确保相关资料数据的全面性、准确性，同时在造价计算过程中，做到认真仔细，确保计算准确无误。

（2）清单编制过程中还应该做好相应的预防工作，将工程施工中可能出现的零星用工、设备等计算在工程造价内，确保在工程招投标过程中，不会由于这些因素考虑不周而引发矛盾。

（3）不断地提升工程量清单编制人员的专业素质，提高其对编制工作的重视程度，确保工程量清单的全面与准确。

4. 做好工程标底编制工作

作为工程造价的重要表现形式，标底的编制工作对工程造价控制具有重要的意义。标底是对招标工程的预期造价估计，同时也是投标报价合理性判断的重要依据。因此，需要严格的控制工程标底编制质量，要求招标人本着科学、严肃的态度完成标底编制，确保工程标底能够与市场实际情况相结合，符合国家相关法律法规的要求，发挥其对工程造价的初步控制作用。

5. 加强工程招投标阶段的监督管理

在工程建筑的过程中，为了保证实现对工程造价的有效控制，还应该重视采购招标控制工作。在进行采购招标的过程中，应该重视对招标单位的采购资质进行严格的审查，同时应对竞标单位的企业信誉进行核查，保证竞标者在竞标成功后能够从正确的渠道进行采购，不会出现以次充好的现象，影响工程建设的质量。为了对采购招投标阶段的工程造价进行严格的控制，还应该做好招标的标底制定工作，应制定符合市场变化和实际的标底，而不应一味地追求低标底，而不顾采购物资的质量。所以应该在进行成本控制的过程中，应综合考虑市场、建筑需求、竞标单位等多方面因素，最终实现对采购招标过程中成本的有效控制。

6. 加强工程招投标阶段的监督管理

为了保证工程招投标的公平、公正性，同时也为了净化招投标环境，为招投标创造一个相对透明的环境，需要加强工程招投标阶段的监督管理工作维护招投标市场的公平性。相关的监督管理部门，应该本着诚信、公正的原则给予全程监督，避免工程招投标阶段出现暗箱操作、串标等违法现象发生。对于违反工程招投标规定的单位，要给予严肃处理，这样才能规范工程招投标活动，为其创造一个透明、公开、公正的竞争环境。

随着我国社会经济的发展，特别是城市化建设的不断深入，建设工程企业得到了长足的发展，同时企业间的竞争也越来越激烈。为了提高企业的竞争力，建设企业除了需要提高建设质量外，还必须对工程造价进行严格控制。现阶段，一些建设企在造价控制过程中，偏向对施工阶段造价的控制，忽视了工程招投标阶段造价控制的重要性，对工程整体造价控制造成严重影响。这就要求企业加强对工程招投标阶段的造价控制，选择高素质的招投标代理机构与咨询机构，实施有效的招投标监督管理，高质高效完成图纸会审、招标文件编制以及工程量清单编制工作，有效地控制工程招投标阶段的造价。

3.2 设计采购施工/交钥匙 EPC 模式

EPC（Engineering Procurement Construction）是指公司受业主委托，按照合同约定对工程建设项目的设计、采购、施工、试运行等实行全过程或若干阶段的承包。通常公司在总价合同条件下，对其所承包工程的质量、安全、费用和进度进行负责。

在 EPC 模式中，Engineering 不仅包括具体的设计工作，而且可能包括整个建设工程内容的总体策划以及整个建设工程实施组织管理的策划和具体工作；Procurement 也不是一般意义上的建筑设备材料采购，而更多地指专业设备、材料的采购；Construction 应译为"建设"，其内容包括施工、安装、试车、技术培训等。

较传统承包模式而言，EPC 总承包模式具有以下三个方面基本优势：

（1）强调和充分发挥设计在整个工程建设过程中的主导作用。对设计在整个工程建设过程中的主导作用的强调和发挥，有利于工程项目建设整体方案的不断优化。

（2）有效克服设计、采购、施工相互制约和相互脱节的矛盾，有利于设计、采购、施工各阶段工作的合理衔接，有效地实现建设项目的进度、成本和质量控制符合建设工程承包合同约定，确保获得较好的投资效益。

（3）建设工程质量责任主体明确，有利于追究工程质量责任和确定工程质量责任的承担人。

在 EPC 总承包模式下，总承包商对整个建设项目负责，但并不意味着总承包商须亲自完成整个建设工程项目，除法律明确规定应当由总承包商必须完成的工作外，其余工作总承包商则可以采取专业分包的方式进行。在实践中，总承包商往往会根据其丰富的项目管理经验、根据工程项目的不同规模、类型和业主要求，将设备采购（制造）、施工及安装等工作采用分包的形式分包给专业分包商。所以，在 EPC 总承包模式下，其合同结构形式通常表现为以下几种形式：

（1）交钥匙总承包。

（2）设计-采购总承包（E-P）。

（3）采购-施工总承包（P-C）。

（4）设计-施工总承包（D-B）。

（5）建设-转让（B-T）等相关模式。

最为常见的是第（1）、（4）、（5）这三种形式。

交钥匙总承包是指设计、采购、施工总承包，总承包商最终向业主提交一个满足使用功能、具备使用条件的工程项目。该种模式是典型的 EPC 总承包模式。

设计-施工总承包是指工程总承包企业按照合同约定，承担工程项目设计和施工，并对承包工程的质量、安全、工期、造价全面负责。在该种模式下，建设工程涉及的建筑材料、建筑设备等采购工作，由发包人（业主）来完成。

建设-转让总承包是指有投融资能力的工程总承包商受业主委托，按照合同约定对工程项目的勘查、设计、采购、施工、试运行实现全过程总承包；同时工程总承包商自行承担工程的全部投资，在工程竣工验收合格并交付使用后，业主向工程总承包商支付总承包价。

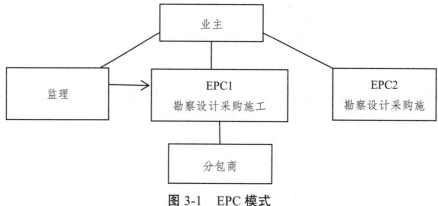

图 3-1　EPC 模式

EPC 承包模式中，工程造价的合理确定与有效控制十分重要。

在项目实施阶段，总承包单位应派驻有经验的造价工程师到施工现场进行费用控制，根据初步设计概算对各专业进行分解，制定各部分控制目标。施工图设计与初步设计在一些材料设备的选用上可能还有些出入，造价工程师都应该及早发现解决。通过设计修改把造价控制在概算范围内。其具体措施包括：

1. 通过招标投标确定施工单位

项目招标投标制度是总承包单位控制工程造价的有效手段，通过招标投标可以提高项目的经济效益，保证建设工程的质量，缩短建设投资的回报周期，总承包单位可以充分利用招标投标这一有效手段进行工程造价控制。

2. 通过有效的合同管理控制造价

施工合同是施工阶段造价控制的依据。采用合同评审制度，可使总承包单位各个部门明确责任签订严密的施工承包合同，可合理地将总承包风险转移，同时在施工中加强合同管理，才能保证合同造价的合理性、合法性，减少履行合同中甲、乙双方的纠纷，维护合同双方利益，有效地控制工程造价。菲迪克（FIDIC）合同条款具有一定的科学性、合理性、公平性，是合同管理和控制造价的有力武器，可供借鉴参考。

3. 严格控制设计变更和现场签证

由于设计图纸的遗漏和现场情况的千变万化，设计变更和现场签证是不可避免的。总承包单位通过严格设计变更签证审批程序，加强对设计变更工程量及内容的审核监督，改变过去先施工后结算的程序，由造价工程师先确认变更价格后再施工，这样才能在施工过程中对合同价的变化做到心中有数。在施工过程中，造价工程师应深入现场对照图纸察看施工情况，了解收集工程有关情况，及时掌握施工动态，不断调整控制目标，为最终的工程总结算提供依据，做好必要的准备工作。如果是业主原因造成的设计变更，还应该及时向业主提出索赔。

由于设备、材料费在整个项目造价中所占的比重很大，搞好采购工作对降低整个工程项目的造价有重要作用。材料设备采购控制是影响 EPC 项目成败的重要因素之一。不仅要对货物本身的价格进行选择，还要综合分析一系列与价格有关的其他方面的问题，例如，根据市场价格浮动的趋势和工程项目施工计划，选择合适的进货时间和批量；根据周转资金的有效利用和汇率、利率等情况，选择合理的付款方式和付款货币；根据对供货厂商的资金和信誉的调查，选择可靠的供货厂商。总之，要千方百计化解风险，减少损失，增加效益，以降低整个工程项目的造价。

4. EPC 项目竣工阶段的造价控制

项目完工后，总承包单位及时编制竣工决算，报业主批准。同时在审核分包结算时，坚持按合同办事，对工程预算外的费用严格控制。对于未按图纸要求完成的工作量及未按规定执行的施工签证一律核减费用；凡合同条款明确包含的费用，属于风险费包含的费用，未按合同条款履行的违约等一律核减费用，严格把好审核关。收集、积累工程造价资料为下一次投标报价做好准备。每完成一个项目都要对该项目进行分析比较，分析设计概算与施工图预算在工程量上的差别。

3.3 BOT 模式及 PPP 采购模式

3.3.1 BOT 模式简介

BOT（Build-Operate-Transfer）即建造-运营-移交模式。这种模式是 20 世纪 80 年代在国外兴起的一种依靠国外私人资本进行基础设施建设的一种融资和建造的项目管理方式，或者说是基础设施国有项目民营化。政府在特许期内只对该项目进行监督控制。特许期满项目公司将该项目无偿交予政府部门。BOT 模式关键因素是特许经营权。特许经营权是 1992 年由英国政府首先提出，当时定义为政府与私营商签订的长期协议，授权私营商代理政府建设、运营和管理公共设施并向公众提供公共服务。其实 BOT 模式是特许经营项目的一种。

DOT 模式是一种新型的融资方式。一些国家的政府协助和促进公共部门与私营企业合作，为基础建设提供资金。BOT 模式是一种债务与股权相混合的产权。运用 BOT 方式承建的工程项目，一般是大型资本、技术密集型项目，主要集中在市政、道路、交通、电力、通信等方面。BOT 项目资金来源完全依靠外资或民营资本，主要适用于投资规模大，涉及专业单一，关系相对简单的项目，其风险和利益较容易确定。其典型的结构为政府部门通过政府采购形式与中标单位组成的特殊联合体签订特许经营合同，由联营体负责筹资、建设及经营。政府通常与提供贷款的金融机构达成一个直接协议，这个协议不是对项目进行担保的协议，而是一个向借贷机构承诺将按支付有关费用的协定，这个协议使联合体能比较顺利地获得金融机构的贷款。政府通过给予私营公司长期的特许经营权和收益权来换取基础设施加快建设及有效运营。

BOT 模式是私营企业参与基础设施建设，向社会提供公共服务的一种方式。我国一般称其为"特许权"，是指政府部门就某个基础设施项目与私人企业（项目公司）签订特许权协议，授予签约方的私人企业来承担该基础设施项目的投资、融资、建设、经营与维护，在协议规定的特许期限内，这个私人企业向设施使用者收取适当的费用，由此来回收项目的投融资、建造、经营和维护成本并获取合理回报；政府部门则拥有对这一基础设施的监督权、调控权；特许期届满，签约方的私人企业将该基础设施无偿或有偿移交给政府部门。

BOT 实质上是基础设施投资、建设和经营的一种方式，以政府和私人机构之间达成协议为前提，由政府向私人机构颁布特许，允许其在一定时期内筹集资金建设某一基础设施并管理和经营该设施及其相应的产品与服务。

政府对该机构提供的公共产品或服务的数量和价格可以有所限制，但保证私人资本具有获取利润的机会。整个过程中的风险由政府和私人机构分担。当特许期限结束时，私人机构按约定将该设施移交给政府部门，转由政府指定部门经营和管理。所以，BOT 一词意译为"基础设施特许权"更为合适。

以上所述是狭义的 BOT 概念。BOT 经历了数百年的发展，为了适应不同的条件，衍生出许多变种，例如 BOOT（Build-Own-Operate-Transfer），BOO（Build-Own-Operate），BLT（Build-Lease-Transfer）和 TOT（Transfer-Operate-Transfer）等。广义的 BOT 概念包括这些衍生品种在内。人们通常所说的 BOT 应该是广义的 BOT 概念。各种形式只是涉及 BOT 操作方式的不同，但其基本特点是一致的，即项目公司必须得到有关部门授予的特许经营权。"建设-经营-转让"一词不能概括 BOT 模式的发展。

近些年来，BOT 这种投资与建设方式被一些发展中国家用来进行其基础设施建设并取得了一定的成功，引起了世界范围广泛的青睐，被当成一种新型的投资方式进行宣传，由土耳其总理脱·奥扎尔于 1984 年首次提出。而 BOT 远非一种新生事物，它自出现至今已有至少 300 年的历史。

17 世纪英国的领港公会负责管理海上事务，包括建设和经营灯塔，并拥有建造灯塔和向船只收费的特权。但是据罗纳德·科斯（R. Coase）的调查，从 1610 年到 1675 年的 65 年中，领港公会连一个灯塔也未建成。而同期私人建成的灯塔至少有十座。这种私人建造灯塔的投资方式所谓 BOT 如出一辙，即，私人首先向政府提出准许建造和经营灯塔的申请，申请必须包括许多船主的签名以证明将要建造的灯塔对他们有利并且表示愿意支付过路费；在申请获得政府的批准以后，私人向政府租用建造灯塔必须占用的土地，在特许期内管理灯塔并向过往船只收取过路费；特权期满以后由政府将灯塔收回并交给领港公会管理和继续收费。到 1820

年，在全部 46 座灯塔中，有 34 座是私人投资建造的。可见 BOT 模式在投资效率上远高于行政部门。

同许多其他的创新具有共同的命运，BOT 在其诞生以后经历了一段默默无闻的时期。而这段默默无闻的时期对 BOT 来讲是如此之长以致人们几乎忘记了它的早期表现。直到 20 世纪 80 年代，由于经济发展的需要而将 BOT 捧到经济舞台上时，许多人将它当成了新生事物。

3.3.2　BOT 的特点

当代资本主义国家在市场经济的基础之上引入了强有力的国家干预。同时经济学在理论上也肯定了"看得见的手"的作用，市场经济逐渐演变成市场和计划相结合的混合经济。BOT 恰恰具有这种市场机制和政府干预相结合的混合经济的特色。

一方面，BOT 能够保持市场机制发挥作用。BOT 项目的大部分经济行为都在市场上进行，政府以招标方式确定项目公司的做法本身也包含了竞争机制。作为可靠的市场主体的私人机构是 BOT 模式的行为主体，在特许期内对所建工程项目具有完备的产权。这样，承担 BOT 项目的私人机构在 BOT 项目的实施过程中的行为完全符合经济人假设。

另一方面，BOT 为政府干预提供了有效的途径，这就是和私人机构达成的有关 BOT 的协议。尽管 BOT 协议的执行全部由项目公司负责，但政府自始至终都拥有对该项目的控制权。在立项、招标、谈判三个阶段，政府的意愿起着决定性的作用。在履约阶段，政府又具有监督检查的权力，项目经营中价格的制定也受到政府的约束，政府还可以通过通用的 BOT 法来约束 BOT 项目公司的行为。

3.3.3　BOT 的优缺点

1. BOT 方式的优点

（1）降低政府的财政负担。

（2）政府可以避免大量的项目风险。

（3）组织机构简单，政府部门和私人企业协调容易。

（4）项目回报率明确，严格按照中标价实施。政府和私人企业之间的利益纠纷少。

（5）有利于提高项目的运作效率。

（6）BOT 项目通常由外国的公司来承包，这样会给项目所在国带来先进的技术和管理经验，即给本国的承包商带来较多的发展机会，也会促进国际经济的融合。

2. BOT 方式的缺点

（1）公共部门和私人企业往往都需要经过一个长期的调查了解、谈判和磋商过程，以致项目前期过长，使投标费用过高。

（2）投资方和贷款人风险过大，没有退路，使融资举步维艰。

（3）参与项目各方存在某些利益冲突，对融资造成障碍。

（4）机制不灵活，降低私人企业引进先进技术和管理经验积极性。

（5）在特许期内，政府对项目减弱甚至失去控制权。

3.3.4 BOT 参与者

1. 项目发起人

作为项目发起人，首先应作为股东，分担一定的项目开发费用。在 BOT 项目方案确定时，就应明确债务和股本的比例，项目发起人应做出一定的股本承诺。同时，应在特许协议中列出专门的备用资金条款，当建设资金不足时，由股东们自己垫付不足资金，以避免项目建设中途停工或工期延误。项目发起人拥有股东大会的投票权，以及特许协议中列出的资产转让条款所表明的权力，即当政府有意转让资产时，股东拥有除债权人之外的第二优先权，从而保证项目公司不被怀有敌意的人控制，保护项目发起人的利益。

2. 购买商服务者

在项目规划阶段，项目发起人或项目公司就应与产品购买商签订长期的产品购买合同。产品购买商必须有长期的盈利历史和良好的信誉保证，并且其购买产品的期限至少与 BOT 项目的贷款期限相同，产品的价格也应保证使项目公司足以回收股本、支付贷款本息和股息，并有利润可赚。

3. 债权人

债权人应提供项目公司所需的所有贷款，并按照协议规定的时间、方式支付。当政府计划转让资产或进行资产抵押时，债权人拥有获取资产和抵押权的第一优先权；项目公司若想举新债必须征得债权人的同意；债权人应获得合理的利息。

4. 建筑发起人

BOT 项目的建筑发起人必须拥有很强的建设队伍和先进的技术，按照协议规定的期限完成建设任务。为了充分保证建设进度，要求总发起人必须具有较好的工作业绩，并应有强有力的担保人提供担保。项目建设竣工后要进行验收和性能测试，以检测建设是否满足设计指标。一旦总发起人因本身原因未按照合同规定期限完成任务，或者完成任务未能通过竣工验收，项目公司将予以罚款。

5. 保险公司

保险公司的责任是对项目中各个角色不愿承担的风险进行保险，包括建筑商风险、业务中断风险、整体责任风险、政治风险（战争、财产充公等）等。由于这些风险不可预见性很强，造成的损失巨大，所以对保险商的财力、信用要求很高，一般的中小保险公司是没有能力承担此类保险的。

6. 供应商

供应商负责供应项目公司所需的设备、燃料、原材料等。由于在特许期限内，对于燃料（原料）的需求是长期和稳定的，供应商必须具有良好的信誉和较强而稳定的盈利能力，能提供至少不短于还贷期的一段时间内的燃料（原料），同时供应价格应在供应协议中明确注明，并由政府和金融机构对供应商进行担保。

7. 运营商

运营商负责项目建成后的运营管理，为保持项目运营管理的连续性，项目公司与运营商应签订长期合同，期限至少应等于还款期。运营商必须是 BOT 项目的专长者，既有较强的管理技术和管理水平，也有此类项目较丰富的管理经验。在运营运程中，项目公司每年都应对项目的运营成本进行预算，列出成本计划，限制运营商的总成本支出。对于成本超支或效益提高，应有相应的罚款和奖励制度。

8. 政　府

政府是影响 BOT 项目成功与否的最关键角色之一，政府对于 BOT 的态度以及在 BOT 项目实施过程中给予的支持将直接影响项目的成败。本书有关章节将详细说明 BOT 中的政府作用。

3.3.5　BOT 的实施步骤

BOT 的实施步骤包括：

（1）项目发起方成立项目专设公司（项目公司），专设公司同东道国政府或有关政府部门达成项目特许协议。

（2）项目公司与建设承包商签署建设合同，并得到建筑商和设备供应商的保险公司的担保。专设公司与项目运营承包商签署项目经营协议。

（3）项目公司与商业银行签订贷款协议或与出口信贷银行签订买方信贷协议。

（4）进入经营阶段后，项目公司把项目收入转移给一个担保信托。担保信托再把这部分收入用于偿还银行贷款。

3.3.6　BOT 的具体方式

（1）BOT（Build-Operate-Transfer）：建设-运营-移交。政府授予项目公司建设新项目的特许权时，通常采用这种方式。

（2）BOOT（Build-Own-Operate-Transfer）：建设-拥有-运营-移交。这种方式明确了 BOT 方式的所有权，项目公司在特许期内既有经营权又有所有权。一般说来，BOT 即是指 Boot。

（3）BOO（Build-Own-Operate）：建设-拥有-运营。这种方式是开发商按照政府授予的特许权，建设并经营某项基础设施，但并不将此基础设施移交给政府或公共部门。

（4）BOOST（Build-Own-Operate-Subsidy-Transfer）：建设-拥有-运营-补贴-移交。

（5）BLT（Build-Lease-Transfer）：建设-租赁-移交。政府出让项目建设权，在项目运营期内，政府有义务成为项目的租赁人，在租赁期结束后，所有资产再转移给政府公共部门。

（6）BT（Build-Transfer）：建设-移交。项目建成后立即移交，可按项目的收购价格分期付款。

（7）BTO（Build-Transfer-Operate）：建设-移交-运营。

（8）IOT（Investment-Operate-Transfer）：投资-运营-移交。收购现有的基础设施，然后再根据特许权协议运营，最后移交给公共部门。

（9）ROO（Rehabilitate-Operate-Own）：改造-运营-拥有。此外，还有 BRT、DBOT、DBOM、ROMT、SLT、MOT 等，虽然提法不同，具体操作上也存在一些差异，但它们的结构与 BOT 并无实质差别，所以习惯上将上述所有方式统称为 BOT。

（10）LBO（Lease-Build-Operate）：租赁-建设-经营。

（11）BBO（Buy-Build-Operate）：购买-建设-经营。

3.4　各阶段采购模式的优缺点

采购方式是指企业在采购中运用的方法和形式的总称。从企业采购的实践来看，经常采用的采购方式主要有招标采购和非招标采购两种。

3.4.1　招标采购

招标采购是由需方提出采购招标条件和合同条件，由许多供应商同时投标报价。通过招标，需方能够获得价格更为合理、条件更为优惠的物资供应。按照《中华人民共和国招标投标法》规定，招标方式分为公开招标和邀请招标。

1. 公开招标

公开招标，也称竞争性招标，可以分为国际竞争性招标和国内竞争性招标。公开招标是由招标单位通过报刊、互联网等宣传工具发布招标公告，凡对该招标项目感兴趣又符合投标条件的法人，都可以在规定的时间内向招标单位提交规定的证明文件由招标单位进行资格审查，核准后购买招标文件，进行投标。

1）公开招标的优点

（1）公平。公开招标使对该招标项目感兴趣又符合投标条件的投标者都可以在公平竞争环境下，享有得标的权利与机会。

（2）价格合理。基于公开竞争，各投标者凭其实力争取合约，而不是由人为或特别限制规定售价，价格比较合理。而且公开招标，各投标者自由竞争，招标者可以获得最具竞争力的价格。

（3）改进品质。因公开投标，各竞争投标的产品规格或施工方法不一，可以使招标者了解技术水平与发展趋势，促进其品质的提高。

（4）减少徇私舞弊。各项资料公开，办理人员难以徇私舞弊，更可以避免人情关系的影响，减少作业困扰。

（5）了解来源。通过公开招标方式可以获得更多投标者的报价，扩大供应来源。

2）公开招标的缺点

（1）采购费用较高。公开登报、招标文件制作和印刷，以及开标场所布置等，均需要花费大量财力与人力；如果发生中标无效，则费用更大。

（2）手续烦琐。从招标文件设计到签约，每个阶段都必须经过充分的准备，并且要严格遵循有关规定，不允许发生差错，否则会造成纠纷。

（3）可能产生串通投标。凡金额较大的投标项目，投标者之间可能串通投标，作不实报价或任意提高报价，给投标者造成困扰和损失。

（4）可能造成抢标。报价者因有现货急于变现，或基于销售或业务政策等原因，而报出不合理的低价，可能造成恶性抢标，从而导致偷工减料、交货延期等风险。

（5）衍生其他问题。事先无法了解投标企业或预先没有进行有效的信用调查，可能会衍生意想不到的问题，如倒闭、转包等。

2. 邀请招标

邀请招标也称有限竞争性投标，可以分为国际竞争性招标和国内有限竞争性招标。邀请招标是由招标单位根据自己积累的材料或权威的咨询机构提供的信息，选择一些合格的单位并向其发出邀请，应邀单位在规定时间内向招标单位提交投标意向，购买投标文件进行投标。

1）邀请招标的优点

（1）节省时间和费用。因无须登报或公告，时间和费用比较节省。已知供应商，又可以节省资料搜集及规范设计等时间和费用，工作量可以大幅度减少。

（2）比较公平。因为是基于同一条件邀请单位投标竞价，所以机会均等。虽然不像公开招标那样不限制投标单位数量，但公平竞争的本质相同，只是竞争程度较低而已。

（3）减少徇私舞弊现象。邀请投标虽然可以事先了解可能参加报价的单位，但仍须通过竞争才能决定。因此可以减少徇私舞弊现象。

2）邀请招标的缺点

（1）可能串通投标。邀请招标串通投标的机会比较大，很可能事先分配或轮流供应，而不能做到真正竞价或合理报价。尤其当投标单位规模不一时，竞争能力势必有差异，可能出现弱肉强食、被大企业操纵的局面。

（2）可能造成抢标。虽然投标单位报价竞标，但也很可能造成恶性竞标。有些投标单位甚至先以牺牲押金的方式，以超低价格抢标，然后争取时效，在毁约重购时，谈妥串通投标，获取更多利益。

（3）可能造成规格不一。因为可能由多家分配或轮流得标，所以供应的规格会有所差异，以致影响生产效率，增加损耗，并使维修更加困难。

3. 两阶段招标

我国《招标投标法》明确规定招标方式分为公开招标和邀请招标两种。但由于公开招标和邀请招标都有自己的缺点，从而给采购活动带来了一定的风险，为减少采购方式带来的风险，在实际操作过程中，还可以将公开招标和邀请招标两种方式结合起来，即两段招标。这种方式一般适用于技术复杂的大型招标项目。招标单位首选采用公开招标的方式广泛的吸引投标者，对投标者进行资格预审，从中邀请三家以上条件最好的投标者，进行详细报价、开标、评标。

3.4.2　非招标采购

非招标采购是指除招标采购方式以外的采购方式。达到一定金额以上的采购项目一般要求采用招标采购方式，但在某些情况下，如需要紧急采购或者采购来源单一等，招标方式并不是最经济的，需要采用招标方式以外的采购方式。另外，在招标限制以下的大量采购活动也不需要采用招标方式。非招标采购方式很多，通常采用的主要包括议价采购、直接采购、定点采购、和询价采购等。

1．议价采购

议价采购是指基于专利或者特定条件，与个别供应商进行洽谈的采购。因为不是公开或当众进行竞标，而是买卖双方面对面讨价还价，所以被称为议价。

1）议价采购的优点

（1）可以节省费用。议价采购不必登报、制作招标文件，只需明确主要规格及数量，其他如交货期限、包装和付款方式等，均可以通过协商洽谈逐项决定。

（2）可以节省时间。公开招标或邀请招标，必须事先公告或通知，必须让投标单位有准备的时间，开标后必须对所报的条款及价格计算方式等进行分析比较，对复杂项目进行审查，或当参加的供应商众多时，大多无法当场决定。而议价则没有这种现象，可以节省大量的时间。

（3）减少失误，增加弹性。议价可以逐项面对面的分别谈判，减少失误，也可以立即更正，不必重新办理招标；若有变更规格或者品质的需要，也可以修改原定底价或不以最低价格决标。

（4）可以发展互惠关系。买卖双方可以利用交易行为，从事其他有利活动，如产品交换、市场推广、技术交流和人员互补等。

2）议价采购的缺点

（1）以议价采购方式采购时，报价单位会"将本求利"，把物料生产的各项费用全部纳入计算，并要求达到一定的利润标准，不像招标采购，在招标采购时供应商之间竞争激烈，需求方可以获得最有竞争力的价格。

（2）无法取得最新资讯。以议价方式采购，必须事先个别通知，而非公开征求，可能有品质更佳，成本或价格更低的供应商，未能获悉。

（3）容易滋生徇私舞弊现象。议价采购由采购双方秘密协商，容易受到对方利诱，或受到特殊关系的干扰，做出不当的决策。

（4）技术难以改进。由于参加报价的供应商有限，因此难以对技术水平进行广泛的比较，无法取得最优的技术改进。

2．直接采购

直接采购是指在特定的采购条件下，不进行竞争而直接签订合同的采购方法。它主要适用于不能或不适合进行竞争性招标、竞争性优势不存在的情况。例如，有些货物或服务具有专卖性质，只能从一家制造商或承包商获得。

3．定点采购

定点采购一般是通过招投标确定定点供应商，期限基本上是一年，在这一年里，所确定的采购设备、货物或服务，按照日常提出的供货或服务需求，由定点供应商根据合同规定进行供货或服务、定期结算和支付。

1）定点采购的优点

工作量较轻，一次采购，长期供货，采购效率较高，支付也比较方便。

2）定点采购的缺点

（1）市场竞争力差，一年只组织一次，不容易受到广大潜在供应商的关注。

（2）不容易控制价格和浮动，尤其是在市场经济活动中，变化因素很多，不易掌握。

（3）供应商容易受到利益驱动，一旦中标，就不再争取好价格和好服务，仅仅停留在招标时的水平上。

4．询价采购

询价采购是指采购组织向国内外有关供应商发出询价单让其报价，然后在报价的基础上进行比较并确定中标供应商的一种采购方式。

1）询价采购的优点

可以根据多种采购内容和需求，灵活组织采购，而且采购批次多，容易形成一个竞争市场。通过不断地公开询价和邀请询价，以简便的报价方法，可以长期吸引供应商踊跃参加，使采购方可以不断地得到较好的价格和服务，采购的效果比较明显。

2）询价采购的缺点

由于采购频繁，工作量较大，采购供货周期受到制定询价条件、报价、评审选择、签订合同和组织供货等环节流转的影响，采购周期相对定点采购来说显得比较长，采购的效率不易提高，供货和使用要求时常受到影响。

总之，在采购活动中，选择合理的采购的方式是至关重要的。能否降低在采购过程中所花费的成本，降低采购的风险，依赖于采购方式的选择。采购制约着项目产品销售工作的质量，制约着项目研发工作的质量，决定着项目最终产品周期的更新速度，关系到项目经济效益的实现程度，做好采购可以合理利用物质资源，可以沟通经济联系，洞察市场的变化，从而在激烈的市场中占据有利地位，这全依赖于采购方式的选择。分析采购方式的优缺点能够让我们在进行采购方式中趋利避害，从而做到最好的权衡。

4 建设项目决策阶段与工程造价

4.1 建设项目的决策阶段简介

4.1.1 概 述

建设项目的决策是人们为了获得预期的目标，采取选择和决定投资行动方案的过程；是对拟建项目的必要性和可行性进行技术经济论证，从中选出最满意的方案的过程。建设项目投资决策正确与否，直接关系到项目建设的成功与否，关系到工程造价的高低与投资效果的效益。所以，处理好决策阶段是合理控制与安排工程造价的前提。

建设项目投资决策阶段的主要工作有编报项目建议书、编报可行性研究报告及项目投资决策审批三项大的工作内容。

4.1.2 项目决策阶段对工程造价的主要影响因素

从项目建设全过程角度来看，决策阶段是工程造价控制的首要环节和最为重要的方面，其影响工程造价的主要因素有建设项目的生产规模、标准的确定、地点的选择、生产工艺方案的确定和主要设备的选择。

1. 建设项目的生产规模

一般而言，项目规模越大，工程造价越高。但项目规模的确定并不依赖于工程造价的多少，而是取决于项目的规模效益、市场因素、技术条件、社会经济环境等。

2. 建设项目标准的确定

建设标准是影响造价高低的重要因素。它包括建设规模、占地面积、工艺设备、建筑标准、配套工程、劳动定员等方面的标准。建设标准是编制、评价、审批项目可行性研究的重要依据，是衡量工程造价是否合理及监督检查项目建设的客观尺度。

3. 建设项目地点的选择

建设地点的选择包括建设地区和具体厂址的选择，与工程造价密切相关，如果选择不当将大大增加工程造价，例如"三通一平"、"建设项目总平面布置"等都直接与建设地点选择有关。一般从自然条件、社会经济条件、建筑施工条件和城市条件等方面综合考虑。建设地区应当符合国民经济发展的战略规划，靠近原料、燃料提供地和消费地。对于具体厂址的选择，分析厂址的位置、占地面积、地形地貌的条件、工程地质以及水文地质、生活设施依托条件、施工条件等。

4. 建设项目的生产工艺方案的确定和主要设备的选择

生产工艺的确定是项目决策的主要内容之一，关系到项目在技术上的可行性和经济上的合理性。生产工艺的选择一般以先进适用、经济合理为原则。保证工艺技术的先进性是首要，这能够带来产品质量、生产成本的优势，但不能忽视其适用性，还要考察工艺技术是否符合我国的政策和技术要求。经济合理是指所用的工艺应该用尽可能小的消耗获得最大的经济效益，经济合理要求综合考虑所用工艺所能产生的经济效益和国家的经济承受能力。

设备费用是工程造价的组成部分之一，是项目最积极活跃的投资。对于设备选择，引进设备要注意配套的问题。引进设备时，必须注意各厂家所提供的设备技术、效率等方面的衔接配套，引进时最好采用总承包方式；选择满足工艺要求和性能好的设备，满足工艺要求，是选择设备的最基本原则，要选用低耗能、高效率的设备，尽量选用维修方便、适用性和灵活性强的设备。

4.2 建设项目可行性研究与投资估算

对建设项目进行合理选择，是对国家经济资源进行优化配置的最直接、最重要的手段。可行性研究是在建设项目的投资前期，对拟建项目进行全面、系统的技术经济分析和论证，从而对建设项目进行合理选择的一种重要方法。

4.2.1 可行性研究

1. 可行性研究概念

建设项目的可行性研究是在投资决策前，对与拟建项目有关的社会、经济、技术等各方面进行深入细致的调查研究，对各种可能采用的技术方案和建设方案进行认真的技术经济分析和比较论证，对项目建成后的经济效益进行科学的预测和评价。在此基础上，对拟建项目的技术先进性和适用性、经济合理性和有效性，以及建设必要性和可行性进行全面分析、系统论证、多方案比较和综合评价，由此得出该项目是否应该投资和如何投资等结论性意见，为项目投资决策提供可靠的科学依据。

一项好的可行性研究，应该向投资者推荐技术经济最优的方案，使投资者明确项目具有多大的财务获利能力，投资风险有多大，是否值得投资建设；使主管部门领导明确，从国家角度看该项目是否值得支持和批准；使银行和其他资金供给者明确，该项目能否按期或者提前偿还他们提供的资金。

2. 可行性研究作用

在建设项目的整个寿命周期中，前期工作具有决定性意义，起着极其重要的作用。而作为建设项目投资前期工作的核心和重点的可行性研究工作，一经批准，在整个项目周期中，就会发挥着极其重要的作用。其具体体现：

1）作为建设项目投资决策的依据

可行性研究作为一种投资决策方法，从市场、技术、工程建设、经济及社会等多方面对建设项目进行全面综合的分析和论证，依其结论进行投资决策可大大提高投资决策的科学性。

2）作为编制设计文件的依据

可行性研究报告一经审批通过，意味着该项目正式批准立项，可以进行初步设计。在可行性研究工作中，对项目选址、建设规模、主要生产流程、设备选型等方面都进行了比较详细的论证和研究，设计文件的编制应以可行性研究报告为依据。

3）作为向银行贷款的依据

在可行性研究工作中，详细预测了项目的财务效益、经济效益及贷款偿还能力。世界银行等国际金融组织，均把可行性研究报告作为申请工程项目贷款的先决条件。我国的金融机构在审批建设项目贷款时，也都以可行性研究报告为依据，对建设项目进行全面、细致的分析评估，确认项目的偿还能力及风险水平后，才做出是否贷款的决策。

4）作为建设单位与各协作单位签订合同和有关协议的依据

在可行性研究工作中，对建设规模、主要生产流程及设备选型等都进行了充分的论证。建设单位在与有关协作单位签订原材料、燃料、动力、工程建筑、设备采购等方面的协议时，应以批准的可行性研究报告为基础，保证预定建设目标的实现。

5）作为环保部门、地方政府和规划部门审批项目的依据

建设项目开工前，需地方政府批拨土地，规划部门审查项目建设是否符合城市规划，环保部门审查项目对环境的影响。这些审查都以可行性研究报告中总图布置、环境及生态保护方案等方面的论证为依据。因此，可行性研究报告为建设项目申请建设执照提供了依据。

6）作为施工组织、工程进度安排及竣工验收的依据

可行性研究报告对以上工作都有明确的要求，所以可行性研究又是检验施工进度及工程质量的依据。

7）作为项目后评估的依据

建设项目后评估是在项目建成运营一段时间后，评价项目实际运营效果是否达到预期目标。建设项目的预期目标是在可行性研究报告中确定的，因此，后评估应以可行性研究报告为依据，评价项目目标实现程度。

3. 可行性研究内容

项目可行性研究是在对建设项目进行深入细致的技术经济论证的基础上做多方案的比较和优选，提出结论性意见和重大措施建议，为决策部门最终决策提供科学依据。因此，它的内容应能满足作为项目投资决策的基础和重要依据的要求。可行性研究的基本内容和研究深度应符合国家规定。一般工业建设项目的可行性研究应包含以下几个方面内容。

1）总 论

综述项目概况，包括项目的名称、主办单位、承担可行性研究的单位、项目提出的背景、投资的必要性和经济意义、投资环境、提出项目调查研究的主要依据、工作范围和要求、项目的历史发展概况、项目建议书及有关审批文件、可行性研究的主要结论概要和存在的问题

与建议。

2）产品的市场需求和拟建规模

其主要内容包括：调查国内外市场近期需求状况，并对未来趋势进行预测，对国内现有工厂生产能力进行调查估计，进行产品销售预测、价格分析，判断产品的市场竞争能力及进入国际市场的前景，确定拟建项目的规模，对产品方案和发展方向进行技术经济论证比较。

3）资源、原材料、燃料及公用设施情况

其主要内容：经过全国储量委员会正式批准的资源储量、品位、成分以及开采、利用条件的评述；所需原料、辅助材料、燃料的种类、数量、质量及其来源和供应的可能性；有毒、有害及危险品的种类、数量和储运条件；材料试验情况；所需动力（水、电、气等）公用设施的数量、供应条件、外部协作条件，以及签订协议和合同的情况。

4）建厂条件和厂址选择

指出建厂地区的地理位置，与原材料产地和产品市场的距离；根据建设项目的生产技术要求，在指定的建设地区内，对建厂的地理位置、气象、水文、地质、地形条件、地震、洪水情况和社会经济现状进行调查研究，收集基础资料，了解交通运输、通信设施及水、电、气、热的现状和发展趋势；厂址面积、占地范围，厂区总体布置方案，建设条件、地价、拆迁及其他工程费用情况；对厂址选择进行多方案的技术经济分析和比选，提出选择意见。

5）项目设计方案

在选定的建设地点内进行总图和交通运输的设计，进行多方案比较和选择；确定项目的构成范围，主要单项工程（车间）的组成，厂内外主体工程和公用辅助工程的方案比较论证；项目土建工程总量的估算，土建工程布置方案的选择，包括场地平整、主要建筑和构筑物与厂外工程的规划；采用技术和工艺方案的论证，包括技术来源、工艺路线和生产方法，主要设备选型方案和技术工艺的比较；引进技术、设备的必要性及其来源国别的选择比较；设备的国外分交或与外商合作制造方案设想；以及必要的工艺流程图。

6）环境保护与劳动安全

对项目建设地区的环境状况进行调查，分析拟建项目"三废"（废气、废水、废渣）的种类、成分和数量，并预测其对环境的影响；提出治理方案的选择和回收利用情况，对环境影响进行评价；提出劳动保护、安全生产、城市规划、防震、防洪、防空、文物保护等要求以及采取相应的措施方案。

7）企业组织、劳动定员和人员培训

全厂生产管理体制、机构的设置，对选择方案的论证；工程技术和管理人员的素质和数量的要求；劳动定员的配备方案；人员的培训规划和费用估算。

8）项目施工计划和进度要求

根据勘察设计、设备制造、工程施工、安装、试生产所需时间与进度要求，选择项目实施方案和总进度，并用横道图和网络图来表述最佳实施方案。

9）投资估算和资金筹措

投资估算包括项目总投资估算，主体工程及辅助、配套工程的估算，以及流动资金的估算；资金筹措应说明资金来源、筹措方式、各种资金来源所占的比例、资金成本及贷款的偿付方式。

10）项目的经济评价

项目的经济评价包括财务评价和国民经济评价，并通过有关指标的计算、进行项目盈利能力、偿还能力等分析，得出经济评价结论。

11）综合评价与结论、建议

运用各项数据，从技术、经济、社会、财务等各个方面综合论述项目的可行性，推荐一个或几个方案供决策参考，指出项目存在的问题以及结论性意见和改进建议。

可见，建设项目可行性研究报告的内容可概括为三大部分。首先是市场研究，包括产品的市场调查和预测研究，这是项目可行性研究的前提和基础，其主要任务是要解决项目的"必要性"问题；第二是技术研究，即技术方案和建设条件研究，这是项目可行性研究的技术基础，它要解决项目在技术上的"可行性"问题；第三是效益研究，即经济效益的分析和评价，这是项目可行性研究的核心部分，主要解决项目在经济上的"合理性"问题。市场研究、技术研究和效益研究共同构成项目可行性研究的三大支柱。

4.2.2　投资估算

1. 投资估算的概念

投资估算是指在项目投资决策过程中，依据现有的资料和特定的方法，对建设项目的投资数额进行的估计。它是项目建设前期编制项目建议书和可行性研究报告的重要组成部分，是项目决策的重要依据之一。投资估算的准确性不仅影响到可行性研究工作的质量和经济评价结果，而且直接关系到下一阶段设计概算和施工图预算的编制，对建设项目资金筹措方案也有直接的影响。

2. 投资估算阶段划分与精度要求

在我国，项目投资估算是指在做初步设计之前各工作阶段中的一项工作。在做工程初步设计之前，根据需要可邀请设计单位参加编制项目规划和项目建议书，并可委托投计单位承担项目的初步可行性研究、可行性研究及设计任务书的编制工作，同时应根据项目已明确的技术经济条件，编制和估算出精确度不同的投资估算额。我国建设项目的投资估算分为以下几个阶段：

1）项目规划阶段的投资估算

建设项目规划阶段是指有关部门根据国民经济发展规划、地区发展规划和行业发展规划的要求，编制一个建设项目的建设规划。此阶段是按项目规划的要求和内容，粗略地估算建设项目所需要的投资额。其对投资估算精度的要求为允许误差不大于30%。

2）项目建议书阶段的投资估算

在项目建议书阶段，投资估算是按项目建议书中的产品方案、项目建设规模、产品主要生产工艺、企业车间组成、初选建厂地点等，估算建设项目所需要的投资额。其对投资估算精度的要求为误差控制在±30%以内。此阶段项目投资估算的意义是可据此判断一个项目是否需要进行下一阶段的工作。

3）初步可行性研究阶段的投资估算

初步可行性研究阶段，投资估算是在掌握了更详细、更深入的资料条件下，估算建设项目所需的投资额。其对投资估算精度的要求为误差控制在±20%以内。此阶段项目投资估算的意义是据以确定是否进行详细可行性研究。

4）详细可行性研究阶段的投资估算

详细可行性研究阶段的投资估算至关重要，因为这个阶段的投资估算经审查批准之后，便是工程设计任务书中规定的项目投资限额，并可据此列入项目年度基本建设计划，其对投资估算精度的要求为误差控制在±10%以内。

3. 投资估算内容

建设项目总投资包括建设投资、建设期利息和流动资金，因此，在投资估算中应考虑这三部分内容。

1）建设投资

（1）建筑安装工程费用。

建筑安装工程费用也称工程费用，包括建筑工程费用和安装工程费用。

① 建筑工程费用。

a. 各类房屋建筑工程和列入房屋工程预算的供水、供暖、卫生、通风、煤气等设备费用及其装饰、油饰工程的费用，以及列入建筑工程的各种管道、电力、电信和电缆导线敷设工程的费用。

b. 设备基础、支柱、工作台、烟囱、水塔、水池和灰塔等建筑工程以及各种窑炉的砌筑工程和金属结构工程的费用。

c. 建设场地的大型土石方工程、施工临时设施和完工后的场地清理、环境绿化的费用。

d. 矿井开凿、井巷延伸、露天矿剥离，石油、天然气钻井，修建铁路、公路、桥梁、水库、堤坝、灌渠及防洪等工程的费用。

② 安装工程费用。

a. 生产、动力、起重、运输、传动和医疗、实验等各种需要安装的机械设备和装配费用，与设备相连的工作台、梯子、栏杆等设施的工程费用，附属于被安装设备的管线敷设工程费用，以及被安装设备的绝缘、防腐、保温、油漆等工作的材料费和安装费。

b. 为测定安装工程质量，对单台设备进行单机试运转、对系统设备进行系统联运无负荷试运转工作的调试费。

（2）设备及工、器具购置费用。

设备及工、器具购置费用是指用于购买设备、工器具和仪器的费用，它主要包括：生产工艺设备、辅助设备、科学研究设备、管理设备、公用设备和检测设备等。

（3）工程建设其他费用。

工程建设其他费用是按规定应在项目固定资产投资中支付，并列入项目总概算内，除建筑工程费、设备工器具购置费和安装工程费外必须支付的费用。其主要包括土地使用费、与项目建设有关的其他费用及与未来企业生产经营有关的其他费用等。

（4）预备费用。

预备费用是指在投资估算时用以处理项目实施过程中实际与计划不符而追加的费用，包括基本预备费和涨价预备费两部分。

基本预备费主要考虑进行初步设计、技术设计、施工图设计和施工过程中，在批准的建设投资范围内可能增加的投资费用；因普通自然灾害所造成的损失和预防自然灾害而采取必要措施所支付的费用；在有关部门组织验收时，验收委员会（小组）为鉴定质量而必须开挖和修复隐蔽工程而支付的费用等。

涨价预备费主要考虑因项目建设期的投入物价上涨而需要增加的费用。建设项目投资估算构成见图 4-1。

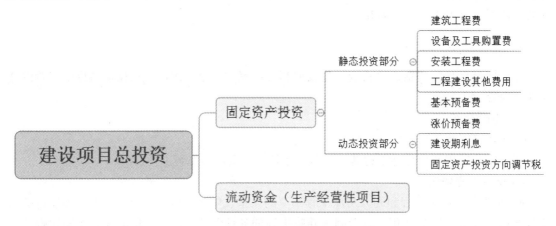

图 4-1　建设项目总投资估算构成图

2）建设期利息

建设期贷款利息简称建设期利息，是指项目在建设期内因使用外部资金而支付给资金提供者的经济报酬。一般来讲，建设期利息计入固定资产原值或无形资产原值，建设投资借款的资金来源渠道不同，其建设期利息的计算方法也不同。

3）流动资金

流动资金是指项目建成后企业在生产过程中用于生产和流通领域供周转使用的资金，是流动资产与流动负债的差额。企业在生产经营过程中为保证正常运转，需要一定量的资金维持其周转。流动资金在使用的过程中不断地改变其形态，价值也会转移到新产品中去，当生产周期结束，流动资金随着产品的销售而回收。

4. 建设投资估算

1）生产能力指数估算法

该方法是利用已知建成项目的投资额或其设备的投资额，估算同类型但生产规模不同的两个项目的投资额或其设备投资额的方法。计算公式如下：

$$C_2 = C_1 \times (Q_2 / Q_1)^x \times F \tag{4-1}$$

式中：C_1——已建同类项目的固定资产投资额；

C_2——拟建项目固定资产投资额；

Q_1——已建同类项目的生产能力；

Q_2——拟建项目的生产能力；

F——不同时期、不同地点的定额、单价、费用变更等的综合调整系数；

x——生产能力指数。

式（4.1）表明，造价与规模（或容量）呈非线性关系，且单位造价随工程规模（或容量）的增大而减小。在通常情况下，$0<x\le1$，不同生产率水平的国家和不同性质的项目中，x 的取值是不相同的。比如化工项目，美国取 $x=0.6$，英国取 $x=0.66$，日本取 $x=0.7$。

若已建同类项目的生产规模与拟建项目生产规模相差不大，Q_1 与 Q_2 的比值在 0.5～2 之间，则指数 x 的取值近似为 1。

当已建同类项目的生产规模与拟建项目生产规模相差不大于 50 倍，且拟建项目生产规模的扩大仅靠增大设备规模来达到时，则 x 的取值约在 0.6～0.7 之间；当其靠增加相同规格设备的数量达到时，x 的取值约在 0.8～0.9 之间。

【例1】1978 年在某地动工兴建一座年产 48 万吨尿素的化肥厂，其单位产品的造价每吨尿素 560～590 元，又知该厂在建设时的总投资为 28 000 万元，若在 1994 年开工兴建这样的一个厂需要投资多少？假定从 1978 年至 2000 年每年平均工程造价指数为 1.10，即每年递增 10%。

【解析】$560\times48\times1.10^{22}=218\ 803.2$（万元）

$590\times48\times1.10^{22}=230\ 524.8$（万元）

$28\ 000\times1.10^{22}=227\ 920$（万元）

【例2】假定某地拟建一座 2 000 套客房的豪华旅馆，另有一座豪华旅馆最近在该地竣工，且掌握了以下资料：它有 2 500 套客房，有餐厅、会议室、游泳池、夜总会、网球场等设施。总造价为 10 250 万美元。估算新建项目的总投资。

【解析】根据以上资料，可首先推算出折算为每套客房的造价：

总造价/客房总套数=4.1（万美元/套）

据此，即可很迅速地计算出在同一个地方，且各方面有可比性的具有套客房的豪华旅馆造价估算值：$4.1\times2\ 000=8\ 200$（万美元）。

【例3】仍以【例1】为例，假如 1994 年开工兴建 45 万吨合成氨、80 万吨尿素的工厂，合成氨的生产能力指数为 0.81。

$C_2=C_1\times(Q_2/Q_1)^{0.81}\times1.10^{22}=316\ 531.08$（万元）

2）资金周转率法

该方法是从资金周转率的定义推算出投资额的一种方法。计算公式如下：

$$资金周转率=\frac{年销售总额}{总投资}=\frac{年产量\times单位产品售价}{总投资} \tag{4-2}$$

$$总投资=\frac{年产量\times单位产品售价}{资金周转率} \tag{4-3}$$

该方法简单易行，但误差较大。不同性质的项目资金周转率不尽相同，而同类型的项目数据资料的确定性也较差。

3）比例估算法

该方法是将项目的固定资产投资分为设备投资、建筑物与构筑物投资、其他投资三部分。先估算出设备的投资额，然后再按一定比例估算出建筑物与构筑物投资以及其他投资，最后将三部分投资加在一起形成项目总投资。

（1）设备投资估算。

设备投资按其出厂价格加上运费、安装调试费用等，计算公式如下：

$$I_1 = \sum_{i=1}^{n} Q_i \times P_i (1 + L_i) \qquad (4\text{-}4)$$

式中：I_1——设备的投资估算值；

Q_i——第 i 种设备所需数量；

P_i——第 i 种设备的出厂价格；

L_i——同类设备的运输、安装系数；

n——所需设备种数。

（2）建筑物与构筑物投资估算。

求出建筑物与构筑物投资总额并与设备投资相加以求出最终投资额。计算公式如下：

$$I_2 = I_1 \times K \qquad (4\text{-}5)$$

式中：I_2——建筑物与构筑物的投资估算值；

I_1——设备投资估算值；

K——同类项目中建筑物与构筑物投资占设备投资的比例，露天工程取 0.1~0.2，室内工程取 0.6~1.0。

（3）其他投资估算。

除设备、建筑物与构筑物以外的其他投资额，与以上两类投资额相加，以求出最终投资额。计算公式如下：

$$I_3 = I_1 \times L \qquad (4\text{-}6)$$

式中：I_3——其他投资的估算值；

I_1——设备投资估算值；

L——同类项目中其他投资占设备投资的比例。

则项目固定资产投资总额的估算值计算公式如下：

$$I = (I_1 + I_2 + I_3) \times (1 + S\%) \qquad (4\text{-}7)$$

式中：$S\%$——考虑不可预见因素而设定的费用系数，一般为 10%~15%。

4）指标估算法

设项目划分为建筑工程、设备安装工程、设备购置费及其他基本建设费等费用项目或单位工程，然后根据各种具体的投资估算指标进行各项费用项目或单位工程投资的估算，在此基础上可汇总成每一单项工程的投资。通过再估算工程建设其他费用及预备费，即求得建设项目总投资。估算指标是一种比概算指标更为扩大的单位工程指标或单项工程指标。

使用估算指标法应根据不同地区、年代进行调整。因为地区、年代不同，设备与材料的价格均有差异，调整方法可以以主要材料消耗量或"工程量"为计算依据，也可以按不同的工程项目的"万元工料消耗定额"而确定不同的系数。如果有关部门已颁布了有关定额或材料价差系数（物价指数），也可以据其调整。

使用估算指标法进行投资估算绝不能生搬硬套，必须对工艺流程、定额、主要材料价格及费用标准进行分析，经过实际的调整与换算后才能提高其精确度。

5）建设投资分类估算法

（1）建筑工程费的估算。

建筑工程费投资估算一般采用以下方法。

① 单位建筑工程投资估算法。单位建筑工程投资估算法是指以单位建筑工程量的投资乘以建筑工程总量计算。一般工业与民用建筑以单位建筑面积（m²）的投资，工业窑炉砌筑以单位面积（m²）的投资，水库以水坝单位长度（m）的投资，铁路路基以单位长度（km）的投资，矿山掘进以单位长度（m）的投资，乘以相应的建筑工程总量计算建筑工程费。

② 单位实物工程量投资估算法。该方法以单位实物工程量的投资乘以实物工程总量计算。土石方工程按每立方米投资，矿井巷道衬砌工程按每延长米投资，路面铺设工程按每平方米投资，乘以相应的实物工程总量计算建筑工程费。

③ 概算指标投资估算法。对于没有上述估算指标且建筑工程费占总投资比例较大的项目，可采用概算指标估算法。采用这种估算法，应具有较为详细的工程资料、建筑材料价格和工程费用指标，投入的时间和工作量较大。具体估算方法见有关专业机构发布的概算编制办法。

（2）设备及工器具购置费估算。

该方法分别估算各单项工程的设备和工器具购置费，需要主要设备的数量、出厂价格和相关运杂费资料。一般运杂费可按设备价格的百分比估算，进口设备要注意按照有关规定和项目实际情况估算进口环节的有关税费，并注明需要的外汇额。主要设备以外的零星设备费可按占主要设备费的比例估算，工器具购置费一般也按占主要设备费的比例估算。

（3）安装工程费估算。

需要安装的设备应估算安装工程费，包括各种机电设备装配和安装工程费用，与设备相连的工作台、梯子及其装设工程费用，附属于被安装设备的管线敷设工程费用，安装设备的绝缘、保温、防腐等工程费用，单体试运转和联动无负荷试运转费用等。安装工程费通常按行业或专门机构发布的安装工程定额、取费标准和指标估算投资。具体计算可按安装费率、每吨设备安装费或者每单位安装实物工程量的费用估算，即

$$安装工程费=设备原价×安装费率 \tag{4-8}$$

$$安装工程费=设备吨位×每吨安装费 \tag{4-9}$$

$$安装工程费=安装工程实物量×安装费用指标 \tag{4-10}$$

（4）工程建设其他费用估算。

其他费用种类较多，无论采取何种投资估算分类，一般其他费用都需要按照国家、地方或部门的有关规定逐项估算。要注意随着地区和项目性质的不同，费用项目可能会有所不同。在项目的初期，也可按照工程费用的百分数综合估算。

（5）基本预备费估算。

基本预备费以工程费用、第二部分其他费用之和为基数乘以适当的基本预备费率（百分数）估算。预备费率的取值一般按行业规定，并结合估算深度确定，通常对外汇和人民币分别取不同的预备费率。

（6）涨价预备费估算。

一般以分年工程费用为基数分别估算各年的涨价预备费，相加后求得总的涨价预备费。

【例4】某工程项目的静态投资为22 310万元，按本项目实施进度规划，项目建设期为三年，三年的投资分年使用比例为第一年20%，第二年55%，第三年25%，建设期内年平均价格变动率预测为6%，求该项目建设期的涨价预备费？

【解析】第一年的年度投资使用计划额 K_1=22 310×20%= 4 462（万元）

第一年的涨价预备费=4 462×[（1+6%）-1]=267.72（万元）

第二年的年度投资使用计划额 K_2=22 310×55%=12 270.5（万元）

第二年的涨价预备费=12 270.5×[（1+0.06）^{2}-1]=1 516.63（万元）

第三年的年度投资使用计划额 K_3=22 310×25%=5 577.5（万元）

第三年的涨价预备费=5 577.5×[（1+0.060）^{3}-1]=1 065.39（万元）

所以，建设期的涨价预备费=267.72+1 516.63+1 065.39=2 849.74（万元）

5. 建设期利息估算

建设工程项目在建设期内如能按期支付利息，应按单利计息；在建设期内如不支付利息，应按复利计息。对借款额在建设期各年内按月、按季均衡发生的项目，为了简化计算，通常假设借款发生当年均在年中使用，按半年计息，其后年份按全年计息。对借款额在建设期各年年初发生的项目，则应按全年计息。

6. 流动资金投资估算

流动资金是项目投产之后，为进行正常生产运营而用于支付工资、购买原材料等的周转性资金。流动资金估算一般是参照现有同类企业的状况采用分项详细估算法，个别情况或者小型项目可采用扩大指标估算法。

1）分项详细估算法

对流动资产和流动负债这两类因素分别进行估算，流动资产与流动负债的差值即为流动资金需要量。在可行性研究中，为简化计算，仅对存货、现金、应收账款这3项流动资产和应付账款这项负债进行估算。

2）扩大指标估算法

扩大指标估算法是指在拟建项目某项指标的基础上，按照同类项目相关资金比率估算出流动资金需用量的方法。

（1）按建设投资的一定比例估算。例如国外化工企业的流动资金一般是按建设投资的15% ~ 20%计算。

（2）按经营成本的一定比例估算。

（3）按年销售收入的一定比例估算。

（4）按单位产量占用流动资金的比例估算。

流动资金一般在项目投产前开始筹措，在投产第一年开始按生产负荷进行安排，其借款部分按照全年计算利息，利息支出计入财务费用，项目计算期末回收全部流动资金。

4.3 建设项目投资估算与财务评价

4.3.1 财务评价的概述

项目的经济评价包括财务评价和国民经济评价两部分内容。

1. 财务评价的概念及基本内容

所谓财务评价就是根据国民经济与社会发展以及行业、地区发展规划的要求，在拟定的工程建设方案、财务效益与费用估算的基础上，采用科学的分析方法对工程建设方案的财务可行性和经济合理性进行分析论证，为项目科学决策提供依据。财务评价又称财务分析，应在项目财务效益与费用估算的基础上进行。对于经营性项目，财务分析是从建设项目的角度出发，根据国家现行财政、税收和现行市场价格，计算项目的投资费用、产品成本与产品销售收入、税金等财务数据，通过编制财务分析报表，计算财务指标，分析项目的盈利能力、偿债能力和财务生存能力，据此考察建设项目的财务可行性和财务可接受性，明确项目对财务主体及投资者的价值贡献，并得出财务评价的结论。投资者可根据项目财务评价结论、项目投资的财务状况和投资者所承担的风险程度决定是否应该投资建设。对于非经营性项目，财务分析应主要分析项目的财务生存能力。

1）财务盈利能力分析

项目的盈利能力是指分析和测算建设项目计算期的盈利能力和盈利水平。其主要分析指标包括项目投资财务内部收益率和财务净现值、项目资金财务内部收益率、投资回收期、总投资收益率和项目资本金净利润率等，可根据项目的特点及财务分析的目的和要求等选用。

2）偿债能力分析

投资项目的资金构成一般可分为借入资金和自有资金，自有资金可长期使用，而借入资金必须按期偿还。项目的投资者主要关心项目偿债能力，借入资金的所有者——债权人，则关心贷出资金能否按期收回本息。项目偿债能力分析可在编制项目借款还本付息计算表的基础上进行。在计算中，通常采用"有钱就还"的方式，贷款利息一般做如下约定：长期借款，当年贷款按半年计息，当年还款按全年计息。

3）财务生存能力分析

财务生存能力分析是根据项目财务计划现金流量表，通过考察项目计算期内的投资、融资和经营活动所产生的各项现金流入和流出，计算净现金流量和累计盈余资金，分析项目是否有足够的净现金流量维持正常运营，以实现财务可持续性。

2. 财务评价的程序

1）熟悉建设项目的基本情况

熟悉建设项目的基本情况，包括投资目的、意义、要求、建设条件和投资环境，做好市场调研和预测以及项目技术水平研究和设计方案。

2）收集、整理和计算有关技术经济数据

资料与参数技术经济数据资料与参数是进行项目财务评价的基本依据，所以在进行财务评价之前，必须先预测和选定有关的技术经济数据与参数。所谓预测和选定技术经济数据与参数就是收集、估计、预测和选定一系列技术经济数据与参数，主要包括以下几点。

（1）项目投入物和产出物的价格、费率、税率、汇率、计算期、生产负荷以及准收益率等。

（2）项目建设期间分年度投资支出额和项目投资总额。项目投资包括建设投资和流动资金需要量。

（3）项目资金来源方式、数额、利率、偿还时间以及分年还本付息数额。

（4）项目生产期间的分年产品成本。

（5）项目生产期间的分年产品销售数量、营业收入、营业税金及附加和营业利润及其分配数额。

3）编制基本财务报表

财务评价所需财务报表包括各类现金流量表（包括项目投资现金流量表、项目资本金现金流量表、投资各方现金流量表）、利润与利润分配表、财务计划现金流量表、资产负债表等。

4）计算与分析财务效益指标

财务效益指标包括反映项目盈利能力和项目偿债能力的指标。

5）提出财务评价结论

将计算出的有关指标值与国家有关基准值进行比较，或与经验标准、历史标准、目标标准等加以比较，然后从财务的角度提出项目是否可行的结论。

6）进行不确定性分析

不确定性分析包括盈亏平衡分析和敏感性分析两种方法，主要分析项目适应市场变化的能力和抗风险的能力。

4.3.2 资金时间价值

资金时间价值是指资金随着时间推移所具有的增值能力，或者是同一笔资金在不同的时间点上所具有的数量差额。资金时间价值是如何产生的呢？从社会再生产角度来看，投资者利用资金是为了获取投资回报，即让自己的资金发生增值，得到投资报偿，从而产生了"利润"；从流通领域来看，消费者如果推迟消费，也就是暂时不消费自己的资金，而把资金的使用权暂时让出来，得到"利息"作为补偿。因此，利润或利息就成了资金时间价值的绝对表现形式。换句话说，资金时间价值的相对表现形式就成为"利润率"或"利息率"，即在一定时期内所付利润或利息额与资金之比，简称为"利率"。

1. 利息的计算方法

1）单利计息法

单利计息法是每期的利息均按照原始本金计算的计息方式，即不论计息期数为多少，只有本金计息，利息不再计利息。计算公式如下：

$$I = P \times n \times i \qquad (4\text{-}11)$$

式中：I——利息总额；

i——利率；

P——现值（初始资金总额）；

n——计息期数。

n个计息期结束后的本利和为：

$$F = P + I = P \times (1 + I \times n) \tag{4-12}$$

式中：F——终值（本利和）。

【例5】某建筑企业存入银行10万元的一笔资金，年利率为2.98%，存款期限为3年，按单利计息，问存款到期后的利息和本利和各为多少？如果按照复利计息或按月计息则结果会有何种变化？

【解析】$I = P \times n \times i = 10 \times 3 \times 2.98\% = 0.894$（万元）

$F = P + I = 10 + 0.894 = 10.894$（万元）

2）复利计息法

复利计息法是各期的利息分别按照原始本金与累计利息之和计算的计息方式，即每期利息计入下期的本金，下期则按照上期的本利和计息。计算公式如下：

$$F = P \times (1 + i)^n \tag{4-13}$$

$$I = P \times \left[(1 + i)^n - 1 \right] \tag{4-14}$$

在应用案例5中，如果选用复利计息，则计算方法和单利计息的计算方法完全不同，计算过程如下。

【解析】$F = P \times (1 + i)^n = 10 \times (1 + 2.98\%)^3 = 10.921$（万元）

$I = P \times \left[(1 + i)^n - 1 \right] = F - P = 10.921 - 10 = 0.921$（万元）

2. 实际利率和名义利率

在复利计息方法中，一般采用年利率。当计息周期以年为单位，则将这种年利率称为实际利率；当实际计息周期小于一年，如每月、每季、每半年计息一次，这种年利率就称为名义利率。设名义利率为r，一年内计息次数为m，则名义利率与实际利率的换算公式为：

$$i = (1 + \frac{r}{m})^m - 1 \tag{4-15}$$

在应用案例5中，如果选用的计息周期不是一年，也就是说不采用常用的年利率，而是采用计息周期小于一年的月利率、季度利率、半年利率，则实际计算出的利息、本利和也与完全采用年利率计算出的不相同。这就是实际利率与名义利率的计算结果差异。现在我们按照每月计息一次来进行计算，复利计息，计算结果如下。

【解析】$i = (1 + \frac{r}{m})^m - 1 = (1 + 2.98\%/12)^{12} - 1 = 3.02\%$

$F = P \times (1 + i)^n = 10 \times (1 + 3.02\%)^3 = 10.934$（万元）

$I = F - P = 10.934 - 10 = 0.934$（万元）

3. 复利计息法资金时间价值的基本公式

资金时间价值换算的核心是复利计算问题，大体可以分为3种情况：一是将一笔总的金额换算成一笔总的现在值或将来值；二是将一系列金额换算成一笔总的现在值或将来值；三是将一笔总的金额的现在值或将来值换算成一系列金额。

1）复利终值公式

投资者期初一次性投入资金 P，按给定的投资报酬率 i，期末一次性回收资金 F，如果计息时限为 n，复利计息，终值 F 为多少？即已知 P、n、i，求 F，计算公式如下：

$$F = P \times (1+i)^n \hspace{3cm} （4.16）$$

式中：$(1+i)^n$——整付复本利系数，记为 $(F/P, i, n)$。

2）复利现值公式

在将来某一时点 n 需要一笔资金 F，按给定的利率 i 复利计息，折算至期初，则需要一次性存款或支付数额 P 为多少？即已知 F、i、n，求 P。将复利终值公式加以变形，得到复利现值公式为：

$$F = P \times (1+i)^{-n} \hspace{3cm} （4-17）$$

式中：$(1+i)^{-n}$——整付现值系数，记为 $(P/F, i, n)$。

把未来时刻资金的时间价值换算为现在时刻的价值，称为折现或贴现。

【例 6】某企业与某银行长年存在贷款存款业务，在资金积累阶段须以一定量的存款作为今后经营资金的积累，而在一定积累的基础上则可以向银行贷款来解决经营资金的不足问题；贷款之后，在银行规定的还款过程中，通常采用分期等额偿还的方式进行偿还。在实际中，企业的投资有时是一次性的，称之为期初一次性投资，有时却是分期分批进行投资。不同的投资方式、还款方式所得到的数据是不一样的。如果该企业在 5 年后需一笔 100 万元的资金拟从银行中提取，银行存款年利 3%，现在需存入银行多少钱？

【解析】 $F = P \times (1+i)^{-n} = 100 \times (1+3\%)^{-5} = 86.3$（万元）

4.3.3 财务评价指标体系与评价方法

1. 财务评价的指标体系

财务评价的指标体系是最终反映项目财务可行性的数据体系。由于投资项目投资目标具有多样性，财务评价的指标体系也不是唯一的，根据不同的评价深度和可获得资料的多少以及项目本身所处条件的不同可选用不同的指标，这些指标可以从不同层次、不同侧面来反映项目的经济效果。建设项目财务评价指标体系根据不同的标准，可以作不同的分类形式，包括以下几种。

（1）根据是否考虑资金时间价值、进行贴现运算，可将常用方法与指标分为两类：静态分析方法与指标和动态分析方法与指标。前者不考虑资金实践价值、不进行贴现运算，后者则考虑资金实践价值、进行贴现运算。

（2）按照指标的经济性质，可以分为时间性指标、价值性指标、比率性指标。

（3）按照指标所反映的评价内容，可以分为盈利能力分析指标和偿债能力分析指标。

2. 反映项目盈利能力的指标与评价方法

1）静态评价指标的计算与分析

（1）总投资收益率。

总投资收益率是指项目达到设计生产能力后的一个正常生产年份的年息税前利润与项目总投资的比率。对生产期内各年的利润总额较大的项目，应计算运营期年平均息税前利润与项目总投资的比率。计算公式为：

$$总投资收益率 = \frac{正常年份年息税前利润或运营期内年平均息税前利润}{项目总投资} \times 100\% \qquad （4-18）$$

总投资收益率可根据利润与利润分配表中的有关数据计算求得。项目总投资为固定资产投资、建设期利息、流动资金之和。计算出的总投资收益率要与规定的行业标准收益率或行业的平均投资收益率进行比较，若大于或等于标准收益率或行业平均投资收益率，则认为项目在财务上可以被接受。

（2）项目资本金净利润率。

资本金净利润率是指项目达到设计生产能力后的一个正常生产年份的年净利润或项目运营期内的年平均利润与资本金的比率。其计算公式如下：

$$资本金净利润率 = \frac{正常年份的年净利润或运营期内年平均净利润}{资本金} \times 100\% \qquad （4-19）$$

式（4-19）中的资本金是指项目的全部注册资本金。计算出的资本金净利润率要与行业的平均资本金净利润率或投资者的目标资本金净利润率进行比较，若前者大于或等于后者，则认为项目是可以考虑的。

（3）静态投资回收期。

静态投资回收期是指在不考虑资金时间价值因素条件下，用生产经营期回收投资的资金来源来抵偿全部初始投资所需要的时间，即用项目净现金流量抵偿全部初始投资所需的全部时间，一般用年来表示，其符号为 P_t。在计算全部投资回收期时，假定了全部资金都为自有资金，而且投资回收期一般从建设期开始算起，也可以从投产期开始算起，使用这个指标时一定要注明起算时间。计算公式如下：

$$P_t 投资回收期 = 累计净现金流量开始出现正值的年份 - 1 + \frac{上年累计净现金流量的绝对值}{当年净现金流量}$$

$$（4-20）$$

计算出的投资回收期要与行业规定的标准投资回收期或行业平均投资回收期进行比较，如果小于或等于标准投资回收期或行业平均投资回收期，则认为项目是可以考虑接受的。

【例 7】某建设工程项目建设期为两年，第一年年初投资为 100 万元，第二年的年初投资 150 万元，第三年开始投产，生产负荷为 90%，第四年开始达到设计生产能力。正常年份每年销售收入为 200 万元，经营成本为 120 万元，销售税金等支出为销售收入的 10%，求静态投资回收期。

表 4-1   静态投资回收期计算   单位：万元

年份项目	1	2	3	4	5	6	7
现金流入	0	0	54	60	60	60	60
现金流出	100	150	0	0	0	0	0
净现金流量	−100	−150	54	60	60	60	60
累积现金流量	−100	−250	−196	−136	−76	−16	44

【解析】正常年份每年的现金流入=销售收入-经营成本-销售税金=200-120-200×10%= 60（万元）

静态投资回收期计算见表 4-1。

投资回收期（P_t）=7-1+16/60=6.26（年）

2）动态评价指标的计算与分析

（1）财务净现值（$FNPV$）。

财务净现值是指在项目计算期内，按照行业的基准收益率或设定的折现率计算的各年净现金流量现值的代数和，简称净现值，记作 $FNPV$。其表达式为：

$$FNPV = \sum_{t=1}^{n}(CI - CO)_t(1+i_c)^{-t} \qquad (4\text{-}21)$$

式中：CI——现金流入量；

CO——现金流出量；

（CI-CO）$_t$——第 t 年的净现金流量；

n——计算期；

i_c——基准收益率或设定的折现率；

（$1+i_c$）$^{-t}$——第 t 年的折现系数。

财务净现值的计算结果可能有 3 种情况，即 $FNPV>0$、$FNPV<0$ 或 $FNPV=0$。当 $FNPV>0$ 时，说明项目净效益大于用基准收益率计算的平均收益额，从财务角度考虑，项目是可以被接受的；当 $FNPV=0$ 时，说明拟建项目的净效益正好等于用基准收益率计算的平均收益额，这时判断项目是否可行，要看分析所选用的折现率，在财务评价中，若选用的折现率大于银行长期贷款利率，项目是可以被接受的，若选用的折现率等于或小于银行长期贷款利率，一般可判断项目不可行；当 $FNPV<0$ 时，说明拟建项目的净效益小于用基准收益率计算的平均收益额，一般认为项目不可行。

【例 8】有一建设工程项目建设期为两年，如果第一年投资 140 万元，第二年投资 210 万元，且投资均在年初支付。项目第三年达到设计生产能力的 90%，第四年达到 100%。正常年份年销售收入 300 万元，销售税金为销售收入的 12%，年经营成本为 80 万元。项目经营期为 6 年，项目基准收益率为 12%。试计算财务净现值。

【解析】正常年份现金流入量=销售收入-销售税金-经营成本

=300-300×12%-80=184（万元）

根据已知条件编制财务净现值计算表，见表 4-2。

表 4-2　财务净现值计算表　　　　　　　单位：万元

	年份	1	2	3	4	5	6	7	8
项目	现金流入	0	0	166	184	184	184	184	184
	现金流出	140	210	0	0	0	0	0	0
	净现金流量	-140	-210	166	184	184	184	184	184
	折现系数	1	0.892 9	0.797 2	0.711 8	0.635 5	0.567 4	0.506 6	0.452 3
	净现值	-140	-187.509	132.335	130.971	116.932	104.402	93.214	83.223
	累计现值	-140	-327.509	-195.174	-64.203	52.729	157.131	250.345	333.568

$$FNPV = \sum_{t=1}^{n}(CI-CO)_t(1+i_c)^{-t}$$

$$= (-140)+(-187.509)+132.335+130.971+116.932+104.402+$$

$$93.214+83.223$$

$$=333.568（万元）$$

（2）财务内部收益率（$FIRR$）。

财务内部收益率是使项目整个计算期内各年净现金流量现值累计等于零时的折现率，简称内部收益率，记作 $FIRR$。其表达式为：

$$\sum_{t=1}^{n}(CI-CO)_t(1+FIRR)^{-t}=0 \qquad （4-22）$$

财务内部收益率的计算是求解高次方程，为简化计算，在具体计算时可根据现金流量表中净现金流量用试差法进行。其基本步骤如下。

① 用估计的某一折现率对拟建项目整个计算期内各年财务净现金流量进行折现，并求出净现值。如果得到的财务净现值等于零，则选定的折现率即为财务内部收益率；如果得到的净现值为一正数，则再选一个更高的折现率再次试算，直至正数财务净现值接近零为止。

② 在第①步的基础上，再继续提高折现率，直至计算出接近零的负数财务净现值为止。

③ 根据上两步计算所得的正、负财务净现值及其对应的折现率，运用试差法的公式计算财务内部收益率，计算公式为

$$FIRR = i_1+(i_2-i_1)\times\frac{FNPV_1}{FNPV_1-FNPV_2} \qquad （4-23）$$

【例9】已知某建设工程项目已开始运营。如果现在运营期是已知的并且不会发生变化，那么采用不同的折现率就会影响到项目所获得的净现值。我们可以利用不同的净现值来估算项目的财务内部收益率。根据定义，项目的财务内部收益率是当项目净现值等于零时的收益率，采用试差法的条件是当折现率为 16% 时，某项目的净现值是 338 元；当折现率为 18% 时，净现值是 22 元，则其财务内部收益率计算方法如下。

【解析】$FIRR = i_1+(i_2-i_1)\times\dfrac{FNPV_1}{FNPV_1-FNPV_2}$

$$= 16\%+(18\%-16\%)\times[338/(338+22)]$$

$$-17.88\%$$

复习题

一、选择题

1. 可行性研究的第一阶段是（　　　　）。

    A. 初步可行性研究　　　　　　　　　　B. 投资机会研究

    C. 详细可行性研究　　　　　　　　　　D. 项目评价和决策

2. 初步可行性研究阶段投资估算的精确度可达（　　　　）。

    A. ±5%　　　　　　　　B. ±10%　　　　　　C. ±20%　　　　　　D. ±30%

3. 流动资金估算一般采用（　　　　）。

    A. 扩大指标估算法　　　　　　　　　　B. 单位实物工程量投资估算法

    C. 概算指标投资估算法　　　　　　　　D. 分项详细估算法

4. 财务评价盈利能力分析的动态指标有（　　　　）。

    A. 净现值　　　　　　B. 投资利润率　　　　　C. 借款偿还期

    D. 内部收益率　　　　E. 资产负债率

二、简答题

1. 可行性研究的编制依据和要求是什么？

2. 建设投资估算时可采用哪些方法？

3. 基本财务报表有哪些？如何填列？

4. 财务评价指标是如何分类的？如何利用各类指标判断项目是否可行？

5. 衡量项目风险有哪些方法？各类方法的原理是什么？

5 建设项目设计阶段与工程造价

5.1 建设项目设计阶段概述

1. 工程设计的含义

工程设计是指在建设项目开始施工之前，设计人员根据已批准的设计任务书，为具体实现拟建项目的技术、经济要求，提供建筑、安装及设备制造等所需的规划、设计图、数据等技术文件的工作。工程设计是建设项目从计划变为现实具有决定意义的工作阶段，设计文件是建筑安装施工的依据。拟建工程在建设过程中能否保证进度、保证质量和节约投资，在很大程度上取决于设计质量的优劣。工程建成后，能否获得满意的经济效果，除了项目决策之外，设计工作也起着主导性的作用。为了使建设项目达到预期的经济效果，设计工作必须按一定的程序分阶段进行。

2. 设计阶段

为保证工程建设和设计工作有机的配合和衔接，一般将工程设计划分为几个阶段进行。我国规定，一般工业与民用建设项目可按初步设计和施工图设计两个阶段进行，称之为"两阶段设计"；对于技术上复杂而又缺乏设计经验的项目，可以按初步设计、技术设计和施工图设计三个阶段进行，称之为"三阶段设计"。在各个设计阶段，都需要编制相应的工程造价控制文件，即设计概算、修正概算、施工图预算等，由粗到细逐步确定工程造价控制目标，并经过分段审批，切块分解，层层控制工程造价。

工程设计的全过程中，首先是在方案设计中投资估算，然后在初步设计中设计概算，其次在技术设计中修正概算，再次在施工图设计中施工图预算，最后设计交底和配合施工中进行工程价款调整。

5.2 设计方案的优选

5.2.1 设计方案优选的原则

由于设计方案的经济效果不仅取决于技术条件，而且还受不同地区的自然条件和社会条件的影响，所以设计方案优选时须结合当时当地的实际条件，选取功能完善、技术先进、经济合理的最佳设计方案。设计方案优选应遵循以下原则。

（1）设计方案必须要处理好经济合理性与技术先进性之间的关系。

经济合理性要求工程造价尽可能低，如果一味地追求经济效果，可能会导致项目的功能水平偏低，无法满足使用者的要求；技术先进性追求技术的尽善尽美，如果项目功能水平先进很可能会导致工程造价偏高。因此，技术先进性与经济合理性是一对矛盾的主体，设计者应妥善处理好二者的关系。一般情况在满足使用者要求的前提下尽可能降低工程造价。但如果资金有限制，也可以在资金限制范围内，尽可能提高项目功能水平。

（2）设计方案必须兼顾建设与使用并考虑项目全寿命费用。

工程在建设过程中，控制造价是一个非常重要的目标。造价水平的变化会影响到项目将来的使用成本。如果单纯降低造价，建造质量得不到保障，就会导致使用过程中的维修费用很高，甚至有可能发生重大事故，给社会财产和人民安全带来严重损害。一般情况下，项目技术水平与工程造价及使用成本之间的关系如图 5-1 所示。在设计过程中应兼顾建设过程和使用过程，力求项目全寿命费用最低。

（3）设计必须兼顾近期与远期的要求。

一项工程建成后，往往会在很长的时间内发挥作用。如果按照目前的要求设计工程，在不远的将来，可能会出现由于项目功能水平无法满足需要而重新建造的情况；但是如果按照未来的需要设计工程，又会出现由于功能水平过高而资源闲置浪费的现象，所以设计者要兼顾近期和远期的要求，选择项目合理的功能水平。

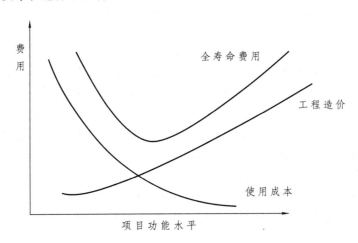

图 5-1　工程造价、使用成本与项目功能水平之间的关系

5.2.2　限额设计

1. 限额设计的概念

限额设计就是按照批准的可行性研究报告及投资估算控制初步设计，按照批准的初步设计总概算控制技术设计和施工图设计，同时各专业在保证达到使用功能的前提下，按分配的投资限额控制设计严格控制不合理变更，保证总投资额不被突破。所谓限额设计就是按照设计任务书批准的投资估算额进行初步设计，按照初步设计概算造价限额进行施工图设计，按施工图预算造价对施工图设计的各个专业设计文件做出决策。投资分解和工程量控制是实行

限额设计的有效途径和主要方法。

2. 限额设计的意义

（1）限额设计是控制工程造价的重要手段，是按上一阶段批准的投资来控制下一阶段的设计，在设计中以控制工程量与设计标准为主要内容，用以克服"三超"现象。

（2）限额设计有利于处理好技术与经济的对立统一关系，提高设计质量。限额设计并不是一味考虑节约投资，也绝不是简单地将投资降低，而是包含了尊重科学、尊重实际、实事求是、精心设计和保证科学性的实际内容。

（3）限额设计有利于强化设计人员的工程造价意识，使设计人员重视工程造价。

（4）限额设计能扭转设计概预算本身的失控现象。限额设计在设计院内部可促使设计与概预算形成有机的整体。

3. 限额设计的目标

1）限额设计目标的确定

限额设计目标是在初步设计开始前根据批准的可行性研究报告及其投资估算而确定的。限额设计指标经项目经理或总设计师提出，经主管院长审批下达。其总额度一般只下达直接工程费的 90%，项目经理或总设计师和室主任留有一定的调节指标，限额指标用完后，必须经批准才能调整。专业之间或专业内部节约下来的单项费用未经批准不能相互调用。

2）采用优化设计确保限额目标的实现

优化设计是以系统工程理论为基础，应用现代数学方法对工程设计方案、设备选型、参数匹配、效益分析等方面进行最优化的设计方法，它是控制投资的重要措施。在进行优化设计时，必须根据问题的性质选择不同的优化方法。一般来说，对于一些确定性问题，如投资、资源消耗、时间等有关条件已确定的，可采用线性规划、非线性规划、动态规划等理论和方法进行优化；对于一些非确定性问题，可以采用排队论、对策论等方法进行优化；对于涉及流量的问题，可以采用网络理论进行优化。

4. 限额设计的全过程

（1）在设计任务书批准的投资限额内进一步落实投资限额的实现。初步设计是方案比较优选的结果，是项目投资估算的进一步具体化。在初步设计开始时，将设计任务书的设计原则、建设方针和各项控制经济指标告知设计人员，对关键设备、工艺流程、总图方案、主要建筑和各种费用指标要提出技术经济方案选择，研究实现设计任务书中投资限额的可能性，特别注意对投资有较大影响的因素。

（2）将施工图预算严格控制在批准的概算以内。设计单位的最终产品是施工图设计，它是工程建设的依据。设计部门在进行施工图设计的过程中，要随时控制造价、调整设计。要求从设计部门发出的施工图，其造价严格控制在批准的概算以内。

（3）加强设计变更管理工作。在初步设计阶段由于外部条件的制约和人们主观认识的局限，往往会造成施工图设计阶段甚至施工过程中的局部修改和变更，这是使设计、建设更趋完善的正常现象，由此会引起对已经确认的概算价格的变化，这种变化在一定范围内是允许的，但必须经过核算和调整。如果施工图设计变化涉及建设规模、产品方案、工艺流程或设计方案的重大变更而使原初步设计失去指导施工图设计的意义时，必须重新编制或修改初步设计文件并重新报原审查单位审批。对于非发生不可的设计变更应尽量提前进行，以减少变更对工程造成的损失；对影响工程造价的重大设计变更，则要采取先算账后变更的办法以使工程造价得到有效控制。

5.3 运用价值工程优化设计方案

结合工程经济中的内容，习题举例。

1. 价值工程的内容

价值工程的目的是以研究对象的最低寿命周期成本可靠地实现使用者所需的功能以获取最佳的综合效益。价值工程的目标是提高研究对象的价值，价值的表达式为：价值=功能/成本，因此提高价值的途径有以下5种。

（1）在提高功能水平的同时，降低成本。

（2）在保持成本不变的情况下，提高功能水平。

（3）在保持功能水平不变的情况下，降低成本。

（4）成本稍有增加，功能水平大幅度提高。

（5）功能水平稍有下降，成本大幅度下降。

价值工程是一项有组织的管理活动，涉及面广，研究过程复杂，必须按照一定的程序进行。其工作程序如下：

（1）对象选择。在这一步应明确研究目标、限制条件及分析范围。

（2）组成价值工程领导小组，并制订工作计划。

（3）收集与研究对象相关的信息资料。此项工作应贯穿于价值工程的全过程。

（4）功能系统分析。这是价值工程的核心，通过功能系统分析应明确功能特性要求，弄清研究对象各项功能之间的关系，调整功能间的比重，使研究对象功能结构更合理。

（5）功能评价。分析研究对象各项功能与成本之间的匹配程度，从而明确功能改进区域及改进思路，为方案创新打下基础。

（6）方案创新及评价。在前面功能分析与评价的基础上，提出各种不同的方案，并从技术、经济和社会等方面综合评价各方案的优劣，选出最佳方案，将其编写为提案。

（7）由主管部门组织审批。

（8）方案实施与检查。制定实施计划、组织实施，并跟踪检查，对实施后取得的技术经济效果进行成果鉴定。

2. 价值工程在设计阶段造价控制中的运用

在项目设计中组织价值分析小组，从分析功能入手设计项目的多种方案，选出最优方案。

（1）项目设计阶段开展价值分析最为有效，因为成本降低的潜力是在设计阶段。

（2）设计与施工过程的一次性比重大。建筑产品具有固定性的特点，工程项目从设计到施工是一次性的单件生产，因而耗资巨大的项目更应开展价值分析，其节约的投资更多。

（3）影响项目总费用的部门多。进行任何一项工程的价值分析，都需要组织各有关方面参加，发挥集体的智慧才能取得成效。

（4）项目设计是决定建筑物使用性质、建筑标准、平面和空间布局的工作。建筑物的寿命周期越长，使用期间费用越大。所以在进行价值分析时，应按整个寿命周期来计算全部费用，既要求降低一次性投资，又要求在使用过程中节约经常性费用。

3. 价值工程在新建项目设计方案优选中的应用

整个设计方案就可以作为价值工程的研究对象。在设计阶段实施价值工程的步骤一般如下。

（1）功能分析。建筑功能是指建筑产品满足社会需要的各种性能的总和。不同的建筑产品有不同的使用功能，它们通过一系列建筑因素体现出来，反映建筑物的使用要求。例如，工业厂房要能满足生产一定工业产品的要求，提供适宜的生产环境，既要考虑设备布置、安装需要的场地和条件，又要考虑必需的采暖、照明、给排水、隔音消声等，以利于生产的顺利进行。建筑产品的功能一般分为社会性功能、适用性功能、技术性功能、物理性功能和美学功能 5 类。功能分析首先应明确项目各类功能具体有哪些，哪些是主要功能，并对功能进行定义和整理，绘制功能系统图。

（2）功能评价。功能评价主要是比较各项功能的重要程度，用 0～1 评分法、0～4 评分法、环比评分法等方法。计算各项功能的功能评价系数，作为该功能的重要度权数。

（3）方案创新。根据功能分析的结果，提出各种实现功能的方案。

（4）方案评价。对第 3 步方案创新提出的各种方案对各项功能的满足程度打分，然后以功能评价系数作为权数计算各方案的功能评价得分，最后再计算各方案的价值系数，以价值系数最大者为最优。

5.4 设计概算

5.4.1 设计概算的内容

设计概算是在初步设计或扩大初步设计阶段，设计概算可分单位工程概算、单项工程综合概算和建设项目总概算三级。

1. 单位工程概算

单位工程概算是确定各单位工程建设费用的文件，是编制单项工程综合概算的依据，是单项工程综合概算的组成部分。单位工程概算按其工程性质可分为建筑工程概算和设备及安装工程概算两大类。建筑工程概算包括土建工程概算，给排水、采暖工程概算，通风、空调工程概算，电气、照明工程概算，弱电工程概算，特殊构筑物工程概算等。设备及安装工程概算包括机械设备及安装工程概算，电气设备及安装工程概算，热力设备及安装工程概算，工具、器具及生产家具购置费概算等。

2. 单项工程综合概算

单项工程综合概算是确定一个单项工程所需建设费用的文件，它是由单项工程中的各单位工程概算汇总编制而成的，是建设项目总概算的组成部分。

3. 建设项目总概算

建设项目总概算是确定整个建设项目从筹建到竣工验收所需全部费用的文件，它是由各单项工程综合概算、工程建设其他费用概算、预备费、建设期贷款利息和固定资产投资方向调节税概算汇总编制而成的。

5.4.2 设计概算的编制方法

1. 单位工程概算的编制方法

建筑工程概算的编制方法一般有扩大单价法、概算指标法两种形式。设备及安装工程概算的编制方法有预算单价、扩大单价法、概算指标法等。

1）建筑工程概算的编制方法

（1）扩大单价法。首先根据概算定额编制扩大单位估价表（概算定额基价）。扩大单位估价表是确定单位工程中各扩大分部分项工程或完整的结构构件所需全部材料费、人工费、施工机械使用费之和的文件，计算公式如下：

概算定额基价=概算定额单位材料费+概算定额单位人工费+概算定额单位施工机械使用费=$\sum$概算定额中材料消耗量×材料预算价格+$\sum$概算定额中人工工日消耗量×人工工资单价+

$\sum$概算定额中施工机械台班消耗量×机械台班费用价格 　　　　　　　　（5-1）

将扩大分部分项工程的工程量乘以扩大单位估价进行计算。其中工程量的计算，必须按定额中规定的各个分部分项工程内容，遵循定额中规定的计量单位、工程量计算规则及方法来进行。其完整的步骤如下。

① 根据初步设计图纸和说明书，按概算定额中划分的项目计算工程量。有些无法直接计算的零星工程，如散水、台阶、厕所蹲台等，可根据概算定额的规定，按主要工程费用的百分率（一般为5%~8%）计算：

② 根据计算的工程量套用相应的扩大单位估价，计算出材料费、人工费、施工机械使用费三者之和。

③ 根据有关取费标准计算间接费、利润和税金等。

④ 将上述各项费用累加，其和为建筑工程概算造价。

（2）概算指标法。用概算指标编制概算的方法有如下两种。

第一种方法：直接用概算指标编制单位工程概算。当设计对象的结构特征符合概算指标的结构特征时，可直接用概算指标编制概算。

① 根据概算指标计算出直接费用，然后再编制概算。其具体步骤如下：

a. 计算人工费、材料费、施工机械使用费即直接费。

$$人工费=概算指标规定的工日数×人工单价 \tag{5-2}$$

$$材料费=主要材料费+其他材料费 \tag{5-3}$$

其中：

$$主要材料费=\sum（概算指标的主要材料用量×地区材料预算价格） \tag{5-4}$$

$$其他材料费=\sum（主要材料费×其他材料占主要材料费百分比） \tag{5-5}$$

$$概算指标直接费=人工费+材料费+$$
$$施工机械使用费（元/100m^2 或元/1000 m^3） \tag{5-6}$$

b. 计算单位直接费。单位直接费根据概算直接费进行计算。

$$单位直接费=概算指标直接费/100（或 1 000）（元/m^2 或元/m^3） \tag{5-7}$$

c. 计算间接费、利润、税金等及概算单价。各项费用计算方法与用概算定额编制概算相同，概算单价为各项费用之和。

d. 计算单位工程概算价值。

$$概算价值=单位工程建筑面积或建筑体积×概算单价 \tag{5-8}$$

e. 计算技术经济指标。

② 根据基价调整系数计算概算指标调整后基价，然后编制概算。其编制步骤如下。

a. 计算调整后基价。

$$调整后基价=概算指标规定的基价×基价调整系数 \tag{5-9}$$

其中，基价调整系数按本地区规定执行。

b. 计算工程直接费。

$$直接费=单位工程建筑面积或建筑体积调整后基价 \tag{5-10}$$

c. 计算单位工程概算价值。

根据所计算的间接费、利润、税金确定单位工程概算价值和技术经济指标，其计算方法同前。

第二种方法：用修正概算指标编制单位工程概算。

概算指标修正方法的基本步骤如下。

① 根据概算指标算出每平方米建筑面积或每立方米建筑体积的直接费（方法同前）。

② 换算与设计不符的结构构件价值，即：

换出（入）结构构件价值

$$=换出（入）结构构件工程量×相应概算定额的地区单价/100（或 1 000）（元/m^2 或元/m^3） \tag{5-11}$$

其中，构件工程量从工程量指标中查出。

③ 求出修正后的单位直接费。

单位直接费修正值=原概算指标单位直接费−换出结构构件价值+换入结构构件价值

$$\tag{5-12}$$

【例 1】某住宅工程建筑面积为 4 200 m²，按概算指标计算出每平方米建筑面积的土建单位直接费为 1 200 元。因概算指标的基础埋深和墙体厚度与设计规定的不同，需要对概算单价进行修正。

【解析】修正情况见表 5-1 所示。

求出修正后的单位直接费用后再按编制单位工程概算的方法编制出一般土建工程概算。

表 5-1　建筑工程概算指标修正表

序号	概算定额编号	结构构件名称 一般土建工程	单位	数量	单价/元	合价/元	备注
		换出部分： ① 带形毛石基础 A ② 砖外墙 A ③ 合计	m³ m²	18 52	480.20 580.40	8 644.60 30 180.80 38 824.40	
		换入部分： ① 带形毛石基础 B ② 砖外墙 B ③ 合计	m³ m²	19.80 61.50	480.20 580.40	9 507.96 35 694.60 45 202.56	
		单位直接费修正指标	1 200−38 824.40/100+45 202.56/100=1 264.78 元/m²				

2. 设备及安装工程概算的编制方法

设备及安装工程概算包括设备购置费用概算和设备安装工程费用概算两大部分。

1）设备购置费概算编制方法

设备购置费是根据初步设计的设备清单计算出设备原价，并汇总求出设备总原价，然后按有关规定的设备运杂费率乘以设备总原价，两项相加即为设备购置费概算，其公式如下：

$$设备购置费概算=\sum（设备清单中的设备数量×设备原价）×（1+运杂费率） \qquad （5\text{-}13）$$

$$或：设备购置费概算=\sum（设备清单中的设备数量×设备预算价格） \qquad （5\text{-}14）$$

国产非标准设备原价在设计概算时可按下列两种方法确定。

（1）非标设备台（件）估价指标法。根据非标设备的类别、重量、性能、材质等情况，以每台设备规定的估价指标计算。其公式如下：

$$非标准设备原价=设备台数×每台设备估价指标（元/台） \qquad （5\text{-}15）$$

（2）非标准设备吨重估价指标法。根据非标准设备的类别、性能、质量、材质等情况，以某类设备所规定吨重估价指标计算。其公式如下：

$$非标准设备原价=设备吨重×每吨重设备估价指标（元/t） \qquad （5\text{-}16）$$

2）设备安装工程概算的编制方法

设备安装工程概算的编制方法是根据初步设计深度和要求明确的程度来确定的，其主要编制方法有以下几种。

（1）预算单价法。当初步设计较深，有详细的设备清单时，可直接按安装工程预算定额单价编制安装工程概算，概算编制程序基本同安装工程施工图预算。该法具有计算比较具体、精确性较高的优点。

（2）扩大单价法。当初步设计深度不够，设备清单不完备，只有主体设备或仅有成套设备重量时，可采用主体设备、成套设备的综合扩大安装单价来编制概算。

（3）概算指标法。当初步设计的设备清单不完备，或安装预算单价及扩大综合单价不全，无法采用预算单价法和扩大单价法时，可采用概算指标编制概算。概算指标的形式较多，概括起来主要可按以下几种指标进行计算。

① 按占设备价值的百分比（安装费率）的概算指标计算。

$$设备安装费=设备原价×设备安装费率 \hspace{3em} （5-17）$$

② 按每吨设备安装费的概算指标计算。

$$设备安装费=设备总吨数×每吨设备安装费 \hspace{3em} （5-18）$$

③ 按座、台、套、组、根或功能等为计量单位的概算指标计算。如工业炉，按每台安装费指标计算。

④ 按设备安装工程每平方米建筑面积的概算指标计算。

上述（1）（2）两种方法的具体操作与建筑工程概算类似。

5.4.3 单项工程综合概算的编制

1. 单项工程综合概算的含义

单项工程综合概算是确定单项工程建设费用的综合性文件，是由该单项工程的各专业单位工程概算汇总而成的，是建设项目总概算的组成部分。

2. 单项工程综合概算的内容

1）编制说明

编制说明应列在综合概算表的前面，其内容包括以下几个方面：

（1）编制依据。包括国家和有关部门的规定、设计文件、现行概算定额或概算指标、设备材料的预算价格和费用指标等。

（2）编制方法。说明设计概算是采用概算定额法还是采用概算指标法。

（3）主要设备、材料（钢材、木材、水泥）的数量。

（4）其他需要说明的有关问题。

2）综合概算表

综合概算表的内容包括以下几个方面：

（1）综合概算表的项目组成。工业建设项目综合概算表是由建筑工程和设备及安装工程两大部分组成的。民用工程项目综合概算表是建筑工程中的一项。

（2）综合概算的费用组成。其一般应包括建筑工程费用、安装工程费用、设备购置及工器具和生产家具购置费等；当不编制总概算时还应包括工程建设其他费用、建设期贷款利息、预备费和固定资产投资方向调节税等费用项目。

5.4.4 建设项目总概算的编制

1. 总概算的内容

（1）工程概况。说明工程建设地址、建设条件、期限、名称、产量、品种、规模、功用及厂外工程的主要情况等。

（2）编制依据。说明设计文件、定额、价格及费用指标等依据。

（3）编制范围。说明总概算书包括与未包括的工程项目和费用。

（4）编制方法。说明采用何种方法编制等。

（5）投资分析。分析各项工程费用所占比重、各项费用组成、投资效果等。此外，还要与类似工程进行比较，分析投资高低的原因以及论证该设计是否经济合理。

（6）主要设备和材料数量。说明主要机械设备、电器设备及主要建筑材料的数量。

（7）其他有关问题。

2. 总概算表的编制方法

（1）按总概算组成的顺序和各项费用的性质，将各个单项工程综合概算及其他工程和费用概算汇总列入总概算表。

（2）将工程项目和费用名称及各项数值填入相应的各个栏内。

（3）以汇总后总额为基础，按取费标准计算预备费用、建设期利息、固定资产投资方向调节税、铺底流动资金等。

（4）计算回收金额。回收金额是指在整个基本建设过程中所获得的各种收入。其计算方法应按地区主管部门的规定执行。

（5）计算总概算价值。计算公式：

$$总概算价值=第一部分费用+第二部分费用+预备费+建设期利息+$$
$$固定资产投资方向调节税+铺底流动资金-回收金额 \quad （5\text{-}19）$$

（6）计算技术经济指标。整个项目的技术经济指标应选择有代表性和能说明投资效果的指标填入。

（7）投资分析。为对基本建设投资分配、构成等情况进行分析，应在总概算表中计算出各项工程和费用投资所占总投资比例，并在表的末栏计算出每项费用的投资占总投资的比例。

3. 设计概算的审查

1）设计概算的审查内容

（1）审查设计概算的编制依据包括三方面。

① 审查编制依据的合法性。

② 审查编制依据的时效性。

③ 审查编制依据的适用范围。

（2）审查概算编制深度包括以下几点。

① 审查编制说明。审查编制说明可以检查概算的编制方法、深度和编制依据等重大原则问题，若编制说明有差错，具体概算必有差错。

② 审查概算编制深度。一般大中型项目的设计概算，应有完整的编制说明和"三级概算"，并按有关规定的深度进行编制。

③ 审查概算的编制范围。审查概算编制范围及具体内容是否与主管部门批准的建设项目范围及具体工程内容一致；审查分期建设项目的建筑范围及具体工程内容有无重复交叉，是

否重复计算或漏算；审查其他费用应列的项目是否符合规定，静态投资、动态投资和经营性项目铺底流动资金是否分别列出等。

（3）审查工程概算的内容包括以下方面。

①审查概算的编制是否符合党的方针、政策，是否根据工程所在地的自然条件而编制。

②审查建设规模（投资规模、生产能力等）、建设标准（用地指标、建筑标准等）、配套工程、设计定员等是否符合原批准的可行性研究报告或立项批文的标准。

③审查编制方法、计价依据和程序是否符合现行规定。

④审查工程量是否正确。工程量的计算是否根据初步设计图纸、概算定额、工程量计算规则和施工组织设计的要求进行，有无多算、重算和漏算，尤其对工程量大、造价高的项目要重点审查。

⑤审查材料用量和价格。审查主要材料的用量数据是否正确，材料预算价格是否符合工程所在地的价格水平，材料价差调整是否符合现行规定及其计算是否正确等。

⑥审查设备规格、数量和配置是否符合设计要求，是否与设备清单一致，设备预算价格是否真实、设备原价和运杂费的计算是否正确。

⑦审查建筑安装工程的各项费用的计取是否符合国家或地方有关部门的现行规定，计算程序和取费标准是否正确。

⑧审查综合概算、总概算的编制内容、方法是否符合现行规定和设计文件的要求，有无设计文件外项目，有无将非生产性项目以生产性项目列入情况。

⑨审查总概算文件的组成内容是否完整地包括了建设项目从筹建到竣工投产为止的全部费用组成。

⑩审查工程建设其他费用。这部分费用内容多、弹性大，约占项目总投资 25%以上，要按国家和地区规定逐项审查。审查项目的"三废"治理。拟建项目必须同时安排"三废"（废水、废气、废渣）的治理方案和投资，对于未做安排而漏项或多算、重算的项目，要按国家有关规定核实投资，以满足"三废"排放达到国家标准。审查技术经济指标，主要审查其计算方法和程序是否正确，综合指标和单项指标与同类型工程指标相比，是偏高还是偏低，查明原因并予以纠正。审查投资经济效果。设计概算是初步设计经济效果的反映，要按照生产规模、工艺流程、产品品种和质量，从企业的投资效益和投产后的运营效益全面分析，是否达到了先进可靠、经济合理的要求。

2）审查设计概算的方法

（1）对比分析法。对比分析法主要通过建设规模、标准与立项批文对比，工程数量与设计图纸对比，综合范围、内容与编制方法、规定对比，各项取费与规定标准对比，材料、人工单价与统一信息对比，引进设备、技术投资与报价要求对比，技术经济指标与同类工程对比等发现设计概算存在的主要问题和偏差。

（2）查询核实法。查询核实法是对一些关键设备和设施、重要装置、引进工程图纸不全或难以核算的较大投资进行多方查询校对，逐项落实的方法。其范围包括：主要设备的市场价向设备供应部门或招标公司查询核实；重要生产装置、设施向同类企业（工程）查询了解；引进设备价格及有关费税向进出口公司调查落实；复杂的建筑安装工程向同类工程的建设、承包、施工单位征求意见。

（3）联合会审法。联合会审前可先采取多种形式分头审查，包括设计单位自审，主管、建设、承包单位初审，工程造价咨询公司评审，邀请同行专家预审，审批部门复审等。经层层审查把关后由有关单位和专家进行联合会审。在会审大会上，先由报审单位介绍概算编制情况及有关问题，并由各有关单位和专家汇报初审、预审意见，然后进行认真分析、讨论，结合对各专业技术方案的审查意见所产生的投资增减，逐一核实原概算出现的问题。经过充分协商和认真听取意见后，实事求是地处理和调整。通过复审对审查中发现的问题和偏差按照单项、单位工程的顺序分类整理，然后按照静态投资、动态投资和铺底流动资金三大类汇总核增或核减的项目及其投资额，最后将具体审核数据列表汇总，将增减项目逐一列出，依次汇总审核后的总投资及增减投资额。对于差错较多、问题较大或不能满足要求的，责成报审单位按会审意见修改返工后重新报批；对于无重大原则问题且深度基本满足要求、投资增减不多的则当场核定概算投资额，提交审批部门复核后正式下达审批概算。

【例2】某6层单元式住宅共54户，建筑面积为3 949.62 m²。原设计方案为砖混结构，内、外墙为240 mm砖墙。现拟定的新方案为内浇外砌结构，外墙做法不变，内墙采用C20混凝土浇筑。新方案内横墙厚度为140 mm，内纵墙厚为160 mm，其他部位的做法、选材及建筑标准与原方案相同。

表5-2 设计方案概况对比

设计方案	建筑面积/m²	使用面积/m²	概算总额/元
砖混结构	3 949.62	2 797.20	4 163 789
内浇外砌结构	3 949.62	2 881.98	4 300 342

问题：

（1）请计算两方案如下技术经济指标。

① 两方案建筑面积、使用面积单方造价各为多少？每平方米造价多少？

② 新方案每户增加使用面积多少？多投入多少？

（2）若作为商品房，按使用面积单方售价5 647.96元出售，两方案的总售价相差多少？

（3）若作为商品房，按建筑面积单方售价4 000元出售，两方案折合使用面积单方售价各为多少？相差多少？

【解析】问题（1）相关计算如下。

① 两个方案的建筑面积、使用面积单方造价及每平方米价差见表5-3。

表5-3 两方案造价对比

设计方案	建筑面积/m²			使用面积/m²		
	单方造价/（元/m²）	价差/（元/m²）	差率/%	单方造价/（元/m²）	价差/（元/m²）	差率/%
砖混结构	4 163 789/3 949.62=1 054.23	34.57	3.28	4 163 789/2 797.20=1 488.56	3.59	0.24
内浇外砌结构	4 300 342/3 949.62=1 088.80			4 300 342/2 881.98=1 492.15		

由上表可知，按单方建筑面积计算，新方案比原方案每平方米高出34.57元，约高出3.28%；而按使用面积计算，新方案比原方案每平方米高出3.59元，约高出0.24%。

② 每户平均增加的使用面积为：（2 528.98-2 797.20）/54=1.57（m²）

每户多投入：（4 300 342-4 163 789）/54=2 528.76（元）

折合每平方米使用面积单价为 2 528.76/1.57=1 610.68（元/m²）

计算结果是每户增加的使用面积为 1.57 m²，每户多投入 2 528.76 元。

问题（2）相关计算如下。

若作为商品房按使用面积单方售价 5 647.96 元售出，则

总销售差价=2 881.98×5 647.96-2 797.20×5 647.96=478 834（元）

总销售额差率=478 834/（2 797.20×5 647.96）×100%=3.03%

问题（3）相关计算如下。

若作为商品房按建筑面积单方售价 4 000 元售出，则两方案的总售价：

3 949.62×4 000=15 798 480（元）

折合成使用面积单方售价时。

砖混结构方案：单方售价=15 798 480/2 797.20=5 647.96（元/m²）

内浇外砌结构方案：单方造价=15 798 480/2 881.98=5 481.81（元/m²）

在保持销售总额不变的前提下，按使用面积计算如下。

单方售价差额=5 647.96-5 481.81=166.15（元/m²）

单方售价差率=166.15/5 647.96×100%=2.94%

复习题

一、选择题

1. 设计阶段是决定建设工程价值和使用价值的（　　　）阶段。

　　A. 主要　　　　　　　B. 次要　　　　　　　C. 一般　　　　　　　D. 特殊

2. 价值工程的目标表现为（　　　）。

　　A. 产品价值的提高　　　　　　　　　B. 产品功能的提高

　　C. 产品功能与成本的协调　　　　　　D. 产品价值与成本的协调

3. 价值工程是一种（　　　）方法。

　　A. 工程技术　　　　B. 技术经济　　　　C. 经济分析　　　　D. 综合分析

4. 在价值工程活动中功能评价方法有（　　　）。

　　A. 0～1 评分法　　　　　　　　　B. 0～4 评分法

　　C. 环比评分法　　　　　　　　　D. 因素分析法　　　　E. 目标成本法

5. 设计概算可分为（　　　）等 3 级。

　　A. 单位工程概算　　　　　　　　B. 分部工程概算

　　C. 分项工程概算　　　　　　　　D. 单项工程综合概算

　　E. 建设项目总概算

二、简答题

1. 设计方案优选的原则有哪些？

2. 运用综合评价法和价值工程优化设计方案的步骤是什么？

3. 什么是限额设计？

4. 设计概算可分为哪些内容？分别包含的内容有哪些？

5. 设计概算的编制方法有哪些？每个方法的进行步骤是什么？

6 建设工程项目招投标阶段与工程造价

6.1 建设工程项目招标投标

6.1.1 建设工程招标的概念

建设工程招标是指招标人（或发包人）将拟建工程对外发布信息吸引有承包能力的单位参与竞争，按照法定程序优选承包单位的法律活动。

招标是招标人通过招标竞争机制，从众多投标人中择优选定一家承包单位作为建设工程承建者的一种建筑商品的交易方式。

1. 建设工程招标投标制度

招标投标制度是在承发包制基础上发展起来的一种建立承发包关系的方法的规定。最初的承发包制只是经过协商建立承发包关系，实现建筑商品交易，但缺乏竞争，未能解决工期、质量、价格优化等问题。招标投标作为一种商品交易方式，与承发包制相结合，形成带有竞争性质的建筑商品交易方式，即招投标承包制。

招标承包制是一种竞争性质的成交方式，能在一定程度上解决投资者购买目标优化问题招标投标的目的。其实质是通过建筑企业的竞争由招标人择优选择承包者。许多行业的竞争表现为商品的竞争，而建筑市场的竞争则表现为建筑企业之间的竞争。

我国实行招投标制后，在建筑市场中利用机制来提高工程质量控制造价和工期。随着市场机制的建立和健全，建筑市场不断完善，市场竞争不断加剧，规范市场行为、创造公平竞争环境成为建筑业发展中需要解决的重要任务。

2. 建设工程招投标的作用及特点

1）建设工程招投标的作用

建设工程招投标按法律规定的方式方法进行，具有以下作用：

（1）督促建设单位重视并做好工程建设的前期工作，从根本上改正了"边勘察、边设计、边施工"的做法，促进了落实征地、设计筹资工作。

（2）有利于节约建设资金提高投资的经济效益。

（3）增强了设计单位的经济责任，促使设计人员注意设计方案的经济性。

（4）增强了监理单位的责任感。

（5）促使建筑企业改善经营管理，以在市场竞争中求得生存和发展。

（6）使建筑产品交换走上商品化轨道，确立了建筑新产品作为商品的地位。

２）建设工程招投标的特点

招投标作为一种商品经营方式，体现了购销双方的买卖关系。竞争是商品经济的产物，但不同社会制度下的竞争目的、性质、范围和手段不同。

我国建设工程招标投标竞争有如下特点：

（1）招投标是在国家宏观计划指导和政府监督下的竞争。

（2）投标是在平等互利基础上的竞争。

（3）竞争的目的是相互促进，共同提高。

（4）对投标人的资格审查，避免了不合格的承包商参与承包。

3. 建设工程招投标中政府的职能

建筑工程招投标属于招标人和投标人自主的市场交易活动，但为保证项目建设符合国家或地方的经济发展计划，项目能达到预期的投资目的，招投标活动及其当事人应依法接受建设行政主管部门及其委托的招投标监督机构的监督。

１）监督工程施工是否经过招投标程序签订合同

按照招投标法的要求，工程施工应通过招投标程序选择承包人并签订工程承包合同。

２）招标前的监督

（1）是否具备自行招标的条件，招标项目除应当满足招投标法规定的外部条件，还要对招标人的招标能力进行监督。

（2）招标前的备案。备案程序要求建设单位自行办理招标事宜的，应在发布招标公告或者发出投标邀请书的 5 日前向工程所在地的县级以上地方人民政府建设行政主管部门或受其委托的建设工程招投标监督管理机构备案，并报送相应资料。

３）公开招标应当在有形建筑市场中进行

依法必须进行公开招标的建设工程，应当进入建设工程交易中心进行招投标活动。

４）招标文件的备案

依法招标的工程，招标人应在中标人确定之日起 15 日内，向建设工程所在地县级以上地方人民政府建设行政主管部门提交招投标情况的书面报告。报告包括以下内容：

（1）建设工程招投标的基本情况。

（2）相关文件资料。

５）对重新进行建设工程招标的审查备案

当发生以下情况时，招标人可以宣布本次招标无效，依法重新招标。

（1）提交投标文件的投标人少于三个。

（2）评标委员会经过评审，认为所在地投标文件都不符合招标要求而否决所有的投标书。

4. 建设工程招投标的范围和条件

１）建设工程招标的范围

招投标法第三条规定，在中华人民共和国境内进行下列工程建设项目，包括项目勘察、高度施工、监理以及与工程建设有关的重要设备、材料等的采购，必须依法进行招标。

２）建设工程招标的条件

为建立和维护建设工程招投标秩序，招标人必须在正式招标前做好必要的准备，满足招标条件。建设工程招标的主要条件：

（1）建设项目已正式列入政府的年度固定资产投资计划。

（2）已向建设工程招投标管理机构办理报建登记。

（3）概算已经批准，建设资金已经落实。

（4）建设占地使用权依法取得。

（5）招标文件经过审批。

（6）其他条件。

5. 国内建设工程招标程序

建设工程招标一般要经历招标、接受投标、开标、评标、定标、签订承发包合同等几个阶段。

1）建设工程项目报建

各类房屋建设（包括新建、改建、扩建、翻建、大修等）、土木工程（包括道路、桥梁、房屋基础打桩）、设备安装、管道线路敷设、装饰装修等建设工程在项目的立项批准文件或年度投资计划下达后，按照《工程建设项目报建管理办法》规定具备条件的，须向建设行政主管部门报建备案。

2）提出招标申请，自行招标或委托招标报主管部门备案

3）资格预审文件、招标文件备案

招标单位进行资格预审（如果有）相关文件、招标文件的编制报行政主管部门备案。

4）刊登招标公告或发出投标邀请书

招标人采用公开招标方式的，应当发布招标公告。依法必须进行招标的项目招标公告，应当在国家指定的报刊和信息网络上发布。

采用邀请招标方式的，招标人应当向三家以上具备承担施工招标项目的能力、资信良好的特定的法人或其他组织发出投标邀请书。

5）资格审查

资格审查分为资格预审和资格后审。资格预审是指在投标前对潜在投标人进行的资格审查。资格后审是指在开标后对投标人进行的资格审查。进行资格预审的，一般不再进行资格后审，但招标文件另有规定的除外。

采取资格预审的，招标人可以发出资格预审公告。经预审合格后，招标人应当向资格审查合格的潜在投标人发出资格预审合格通知书，告知获取招标文件的时间、地点和方法，并同时向资格预审不合格的潜在投标人告知预审结果。资格预审不合格的潜在投标人不得参加投标。

经资格后审不合格的投标人的投标应作废标处理。

6）招标文件发放

招标文件发放给通过资格预审获得投标资格或被邀请的投标单位。投标单位收到招标文件、图纸和有关资料后，应认真核对。招标单位对招标文件所做的任何修改或补充，须在投标截止时间至少15日前，发给所有获得招标文件的投标单位，修改或补充内容作为招标文件的组成部分。投标单位收到招标文件后，若有疑问或不清楚的问题需澄清解释，应在收到招标文件后 7 日内以书面形式向招标单位提出，招标单位应以书面形式或投标预备会形式予以

解答。

7）勘察现场

为使投标单位获取关于施工现场的必要信息，在投标预备会的前 1~2 天，招标单位应组织投标单位进行现场勘察，投标单位在勘察现场如有疑问，应在投标预备会前以书面形式向招标单位提出。

8）投标答疑会

招标单位在发出招标文件、投标单位勘察现场之后，根据投标单位在领取招标文件、图纸和有关技术资料及勘察现场提出的疑问，招标单位可通过以下方式进行解答：

（1）收到投标单位提出的疑问后，以书面形式进行解答，并将解答同时送达所有获得招标文件的投标单位。

（2）收到提出的疑问后，通过投标答疑会进行解答，并以会议纪要形式同时送达所有获得招标文件的投标单位。投标答疑会的目的在于澄清招标文件中的疑问，解答投标单位对招标文件和勘察现场中所提出的疑问及图纸进行交底和解释。所有参加投标答疑会的投标单位应签到登记，以证明出席投标答疑会。在开标之前，招标单位不得与任何投标单位的代表单独接触并个别解答任何问题。

9）接受投标书

投标人应当在招标文件要求提交投标文件的截止时间前，将投标文件密封送达投标地点。招标人收到投标文件后，应当签收保存，在开标前任何单位和个人不得开启投标文件。投标人少于 3 个的，招标人应当依法重新招标。在招标文件要求提交投标文件的截止时间后送达的投标文件，招标人应当拒收。投标人在招标文件要求提交投标文件的截止时间前，可以补充、修改或者撤回已提交的投标文件，并书面通知招标人。补充、修改的内容为投标文件的组成部分。

10）开标、评标、定标召开开标会议，审查投标书

11）宣布中标单位组织主裁判标，决定中标人

12）签订合同向中标人发出中标通知书

13）建设单位与中标人签订承发包合同

6. 建设工程招标方式和方法

1）建设工程招标方式

建设工程招标方式参见 3.1.1（第 4 条）。

2）建设工程招标方法

（1）一次性招标。

一次性招标指建设工程设计图纸、工程概算、建设用地、建筑许可证等均已具备后，全部工程只招一次标就建立全部工程的承发包关系的方法。

（2）多次性招标。

多次性招标是对建设项目实行阶段招标。

（3）一次两段式招标。

一次两段式招标指在设计图纸尚未出齐之前，先邀请数个建筑企业进行意向性招标，按约定的评标办法，择优选择一个承包单位，待施工图纸出齐以后再按图纸要求签订合同。

（4）两次报价招标。

两次报价招标是在第一次公开招标后选择几个较满意的投标人再进行第二次投标报价。

6.1.2 建设工程招标文件和标底

1. 建设工程招标文件

建设工程招标文件，既是投标人准备投标文件和参加投标的依据，也是招标阶段招标投标活动当事人的行为和评标的重要依据，也是与将来招标人和中标的投标人签订合同的基础。招标文件中提出的各项要求，对整个招标工作乃至承发包双方都有约束力。建设工程招投标根据标的不同分为许多不同阶段，每个阶段招标文件编制内容及要求不尽相同。本书仅对建设项目工程施工和工程建设项目货物招标文件的组成与内容做主要介绍。

1）投标须知

其主要包括的内容有：前附表；总则；工程概况；招标范围及基本要求情况；招标文件解释、修改、答疑等有关内容；对投标文件的组成、投标报价、递交、修改、撤回等有关内容的要求；标底的编制方法和要求；评标机构的组成和要求；开标的程序、有效性界定及其他有关要求；评标、定标的有关要求和方法；授予合同的有关程序和要求；其他需要说明的有关内容；对于资格后审的招标项目，还要对资格审查所需提交的资料提出具体的要求。

2）合同主要条款

其主要包括的内容有：所采用的合同文本；质量要求；工期的确定及顺延要求；安全要求；合同价款与支付办法；材料设备的采购与供应；工程变更的价款确定方法和有关要求；竣工验收与结算的有关要求；违约、索赔、争议的有关处理办法；其他需要说明的有关条款。

3）投标文件格式

对投标文件的有关内容的格式做出具体规定。

4）工程量清单

采用工程量清单招标的，应当提供详细的工程量清单。《建设工程工程量清单计价规范》规定：工程量清单由分部分项工程量清单、措施项目清单、其他项目清单、规费项目清单、税金项目清单组成。

5）技术条款

主要说明建设项目执行的质量验收规范、技术标准、技术要求等有关内容。

6）设计图纸

招标项目的全部有关设计图纸。

7）评标标准和方法

评标标准和方法中，应该明确规定所有的评标因素，以及如何将这些因素量化或者据以进行评估。在评标过程中，不得改变这个评标标准、方法和中标条件。

8）投标辅助材料

招标文件要求提交的其他辅助材料。

2. 建设工程招标标底的编制

标底是指招标人或其委托的工程造价咨询人确定的完成某一项工程所需要的全部费用，是根据该工程项目施工图纸、国家以及当地有关规定的计价依据和计价办法计算出来的工程成本，是招标工程限定的最高工程造价，也是招标人对工程建设项目的期望价格。

1）建设工程招标标底的作用

建设工程招标标底作为评标、决标基准价格或参考价格，具有重要作用。

（1）标底价格可作为发包人筹集资金、控制投资成本的依据。

（2）标底价格是发包人选择承包人的参考价格。

2）编制建设工程招标标底的原则

建设工程进行施工招标时，为了能够指导评标、定标单位应自行或委托有资格的咨询、监理单位编制标底。

编制标底的原则：

（1）根据国家统一工程项目划分、计量单位、工程量计算规则以及设计图纸、招标文件，并参照国家、行业或地方批准发布的定额和国家、行业、地方规定的技术标准规范以及要素、市场价格确定工程量和编制标底。

（2）标底价格由成本、利润、税金组成。标底的计价内容、计算依据应与招标文件规定完全一致。

（3）标底价格作为建设单位的期望价格，应与市场的实际情况相吻合，既要有利于竞争，又要保证工程质量。

（4）标底价格应考虑人工、材料、机械台班等价格变动因素，还应包括不可预见费、包干费和措施费等，力求与市场变化情况吻合，利于保证工程质量。

（5）招标人不得因各种原因故意压低标底价格。

（6）一个工程项目只编制一个标底，并在开标前保密。

（7）工程标底价格完成后应及时封存，在开标前应严格保密，所有接触过工程标底价的人员都负有保密责任，不得泄露。

3）编制标底价格的依据

（1）国家有关法律法规和部门规章。

（2）招标文件的商务条款。

（3）建设工程施工图纸、工程量计算规则。

（4）施工现场水文地质情况、现场环境的有关资料。

（5）施工方案或施工组织设计。

（6）现行建设工程预算定额（企业预算定额）、工期定额、工程项目计价类别及取费标准、国家或地方有关价格调整文件等。

（7）招标时的建筑安装材料及设备的市场价格。

4）建设工程招标标底文件的主要内容

（1）标底报价表。

（2）建设工程造价预算书。

（3）工程取费表。

（4）工程计价表，材料调查表。

5）建设工程招标标底的编制方法

建设工程招标标底的编制方法与建设工程概算编制相近，但要求更具体、更确切。编制建设工程标底时，对于概预算中的其他费用、不可预见费用，要根据工程的具体情况考虑适当的包干系数、风险系数、技术措施费用，建设单位提供的临时设施、设备、材料等可按暂估计价扣减，待承发包双方合同谈判时确定。

（1）工料单价法。

工料单价法是指分部分项工程的单价为直接工程费单价，以分部分项工程量乘以对应分部分项工程单价后的合计为单位直接工程费，直接工程费汇总后另加措施费、间接费、利润、税金生成施工图预算造价。按照分部分项工程单价产生的方法不同，工料单价法又可以分为预算单价法和实物法。

① 单价法。

预算单价法就是采用地区统一单位估价表中的各分项工程工料预算单价（基价）乘以相应的各分项工程的工程量，求和后得到包括人工费、材料费和施工机械使用费在内的单位工程直接工程费，措施费、间接费、利润和税金可根据统一规定的费率乘以相应的计费基数得到，将上述费用汇总后得到该单位工程的施工图预算造价。

预算单价法编制施工图预算的基本步骤如下：

a. 编制前的准备工作。

b. 熟悉图纸和预算定额以及单位估价表。

c. 了解施工组织设计和施工现场情况。

d. 划分工程项目和计算工程量。

e. 套单价（计算定额基价）。

f. 工料分析。

g. 计算主材费（未计价材料费）。

h. 按费用定额取费。

i. 计算汇总工程造价。

② 实物法。

用实物法编制单位工程施工图预算，就是根据施工图计算的各分项工程量分别乘以地区定额中人工、材料、施工机械台班的定额消耗量，分类汇总得出该单位工程所需的全部人工、材料、施工机械台班消耗数量，然后再乘以当时当地人工工日单价、各种材料单价、施工机械台班单价，求出相应的人工费、材料费、机械使用费，再加上措施费，就可以求出该工程的直接费。间接费、利润及税金等费用计取方法与预算单价法相同。

实物法编制施工图预算的基本步骤如下：

a. 编制前的准备工作。

b. 熟悉图纸和预算定额。

c. 了解施工组织设计和施工现场情况。

d. 划分工程项目和计算工程量。

e. 套用定额消耗量，计算人工、材料、机械台班消耗量。

f. 计算并汇总单位工程的人工费、材料费和施工机械台班费。

g. 计算其他费用，汇总工程造价。

实物法的优点是能比较及时地将反映各种材料、人工、机械的当时当地市场单价计入预算价格，不需调价，反映当时当地的工程价格水平。

（2）综合单价法。

综合单价法是指分部分项工程单价综合了除直接工程费以外的多项费用内容。按照单价综合内容的不同，综合单价可分为全费用综合单价和部分费用综合单价。

① 全费用单价。

全费用综合单价即单价中综合了直接工程费、措施费、管理费、规费、利润和税金等，以各分项工程量乘以综合单价的合价汇总后，生成工程承发包价。

② 部分费用综合单价。

我国目前实行的工程量清单计价采用的综合单价是部分费用综合单价，部分费用综合单价是指完成一个规定计量单位的分部分项工程量清单项目或措施清单项目所需的人工费、材料费、施工机械使用费和企业管理费与利润，以及一定范围内的风险费用。

6.1.3 工程项目合同的计价方式

建设工程施工合同根据合同计价方式的不同，一般情况下分为三大类型，即总价合同、单价合同和成本加酬金合同。总价合同又包括固定总价合同和可调值总价合同；单价合同包括估算工程量单价合同和纯单价合同；而成本加酬金合同包括成本加固定百分比酬金合同、成本加固定金额酬金合同、成本加奖罚合同、最高限额成本加固定最大酬金合同。

1. 总价合同

总价合同是指根据合同规定的工程施工内容和有关条件，业主应付给承包商的款额是一个规定的金额，即明确的总价。总价合同也称作总价包干合同，即根据施工招标时的要求和条件，当施工内容和有关条件不发生变化时，业主付给承包商的价款总额就不发生变化。

总价合同又可分为固定总价合同和可调值总价合同两种形式。

1）固定总价合同

固定总价合同的价格计算是以图纸及规定、规范为基础，承发包双方就施工项目协商一个固定的总价，由承包方一笔包干，不能变化。采用这种合同，合同总价只有在设计和工程范围有所变更的情况下才能随之做相应的变更，除此之外，合同总价是不能变动的。因此，作为合同价格计算依据的图纸及规定、规范应对工程做出详尽的描述。一般在施工图设计阶段，施工详图已完成的情况下，采用固定总价合同，承包方要承担实物工程量、工程单价、地质条件、气候和其他一切客观因素造成亏损的风险。在合同执行过程中，承发包双方均不能因为工程量、设备、材料价格、工资等变动和地质条件恶劣、气候恶劣等理由，提出对合同总价调值的要求，因此承包方要在投标时对一切费用的上升因素做出估计并包含在投标报价之中。因此，这种形式的合同适用于工期较短（一般不超过一年），对最终产品的要求又非常明确的工程项目，这就要求项目的内涵清楚，项目设计图纸完整齐全，项目工作范围及工程量计算依据确切。

固定总价合同适用于以下情况：

（1）工程量小、工期短、在施工过程中环境因素变化小，工程条件稳定并合理。

（2）工程设计详细，图纸完整、清楚，工程任务和范围明确。

（3）工程结构和技术简单，风险小。

（4）投标期相对宽裕，承包商可以有充足的时间详细考察现场、复核工程量，分析招标文件，拟定施工计划。

2）可调值总价合同

可调值总价合同的总价一般也是以图纸及规定、规范为计算基础，但它是按"时价"进行计算的，这是一种相对固定的价格。在合同执行过程中，由于通货膨胀而使所用的工料成本增加，因而对合同总价进行相应的调值，即合同总价依然不变，只是增加调值条款。因此可调总价合同均明确列出有关调值的特定条款，往往是在合同特别说明书中列明。调值工作必须按照这些特定的调值条款进行。这种合同与固定总价合同不同在于，它对合同实施中出现的风险做了分摊，发包方承担了通货膨胀这一不可预测费用因素的风险，而承包方只承担了实施中实物工程量成本和工期等因素的风险。可调值总价合同适用于工程内容和技术经济指标规定很明确的项目，由于合同中列明调值条款，所以在工期一年以上的项目较适于采用这种合同形式。

可调值总价合同适用于以下情况：

（1）工期较长（如一年以上）的工程。

（2）工程内容和技术经济指标规定很明确且合同中列明调值条款的工程项目。

2. 单价合同

单价合同是承包人在投标时，按招投标文件就分部分项工程所列出的工程量表确定各分部分项工程费用的合同类型。这类合同的适用范围比较宽，其风险可以得到合理的分摊，并且能鼓励承包商通过提高工效等手段节约成本，提高利润。

单价合同也可以分为固定单价合同和可调单价合同。

（1）固定单价合同。这也是经常采用的合同形式，特别是在设计或其他建设条件（如地质条件）还不太落实的情况下（计算条件应明确），而以后又需增加工程内容或工程量时，可以按单价适当追加合同内容。在每月（或每阶段）工程结算时，根据实际完成的工程量结算，在工程全部完成时以竣工图的工程量最终结算工程总价款。

（2）可调单价合同。合同单价可调，一般是在工程招标文件中规定。在合同中签订的单价，根据合同约定的条款，如在工程实施过程中物价发生变化等，可做调整。有的工程在招标或签约时，因某些不确定因素而在合同中暂定某些分部分项工程的单价，在工程结算时，再根据实际情况和合同约定合同单价进行调整，确定实际结算单价。

3. 成本加酬金合同

成本加酬金合同也称为成本补偿合同，是由业主向承包人支付工程项目的实际成本，并按事先约定的某一种方式支付酬金的合同类型。

成本加酬金合同与固定总价合同正好相反，工程施工的最终合同价格将按照工程实际成本再加上一定的酬金进行计算。在合同签定时，工程实际成本往往不能确定，只能确定酬金的取值比例或者计算原则。由业主向承包单位支付工程项目的实际成本，并按事先约定的某一种方式支付酬金的合同类型。

这类合同中，业主承担项目实际发生的一切费用，因此也就承担了项目的全部风险。但是承包单位由于无风险，其报酬也就较低了。这类合同的缺点是业主对工程造价不易控制，承包商也就往往不注意降低项目的成本。

对业主而言，这种合同也有一定的优点：

（1）可以通过分段施工，缩短工期，而不必等待所有施工图完成才开始投标和施工。

（2）可以减少承包商对立情绪，承包商对工程变更和不可预见条件的反应会比较积极和快捷。

（3）可以利用承包商的施工技术专家，帮助改进或弥补设计中的不足。

（4）业主可以根据自身力量和需要，较深入地介入和控制工程施工和管理。

（5）也可以通过确定最大保证价格约束工程成本不超过某一限值，从而转移一部分风险。

成本加酬金合同适用条件：

（1）需要立即开展的项目（紧急工程）。时间特别紧迫，如抢险，救灾工程，来不及进行详细的计划和商谈。

（2）新型的工程项目。

（3）风险很大的项目（保密工程）。

成本补偿合同有以下七种形式：成本加固定费用合同、成本加定比费用合同、成本加奖金合同、成本加固定最大酬金合同、成本加保证最大酬金合同、成本补偿加费用合同、工时及材料补偿合同。

（1）成本加固定费用合同。

根据这种合同，招标单位对投标人支付的人工、材料、设备台班费等直接成本全部予以补偿，同时还增加一笔管理费。固定费用是指杂项费用与利润相加的和，这笔费用总额是固定的，只有当工程范围发生变更而超出招标文件的规定时才允许变动。这种超出规定的范围是指在成本、工时、工期或其他可测项目方面的变更招标文件规定数量的±10%。

（2）成本加定比费用合同。

成本加定比费用合同与成本补偿合同相似，不同的是所增加的费用不是一笔固定金额，而是按照成本的一定比率计算的一个百分比份额。

（3）成本加奖金合同。

奖金是根据报价书的成本概算指标制定的，概算指标可以是总工程量的工时数的形式，也可以是人工和材料成本的货币形式，在合同中，概算指标被规定了一个底点和一个顶点，投标人在概算指标的顶点下完成工程时就可以得到奖金，奖金的数额按照低于指标顶点的情况而定；而如果投标人在工时或工料成本上超过指标顶点时，他就应该对超出部分支付罚款，直到总费用降低到概算指标的顶点为止。

（4）成本加固定最大酬金合同。

根据这一合同，投标人得到的支付有三方面：包括人工、材料、机械台班费以及管理费在内的全部成本；占人工成本一定百分比的增加费；酬金。在这种形式的合同中通常有三笔成本总额：报价指标成本、最高成本总额、最低成本总额。在投标人完成工程所花费的工程成本总额没有超过最低成本总额时，招标单位要支付其所花费的全部成本费用、杂项费用，并支付其应得酬金；在花费的工程成本总额在最低成本总额和报价指标成本之间时，招标人只支付工程成本和杂项费用；在工程成本总额在报价指标成本与最高成本总额之间时，则只支付全部成本；在工程成本超过最高成本总额时，招标单位将不予支付超出部分。

（5）成本加保证最大酬金合同。

在这种合同下，招标单位补偿投标人所花费的人工、材料、机械台班费等成本，另加付人工及利润的涨价部分，这一部分的总额可以一直达到为完成招标书中规定的规范和范围而给的保证最大酬金额度为止。这种合同形式，一般用于设计达到一定的深度，从而可以明确规定工作范围的工程项目招标中。

（6）成本补偿加费用合同。

在这种合同下，招标单位向投标人支付全部直接成本并支付一笔费用，这笔费用是对承包商所支付的全部间接成本、管理费用、杂项及利润的补偿。

（7）工时及材料补偿合同。

在工时及材料补偿合同下，工作人员在工作中所完成的工时用一个综合的工时费率来计算，并据此予以支付。这个综合的费率，包括基本工资、保险、纳税、工具、监督管理、现场及办公室的各项开支以及利润等。材料费用的补偿以承包商实际支付的材料费为准。

6.1.4　投标报价的策略与技巧

投标报价竞争的胜负，不仅取决于竞争者的经济实力和技术水平，而且还决定于竞争策略是否正确和投标报价的技巧运用是否得当。通常情况下，其他条件相同，报价最低的往往获胜。但是，这不是绝对的，有的报价并不高，但仍然得不到招标单位的信任，其原因在于投标单位提不出有利于招标单位的合理建议，不会运用投标报价的技巧和策略。因此，招标投标活动中必须研究在投标报价中的指导思想、报价策略、作标技巧。

1. 投标报价策略

投标报价策略是指投标单位在合法竞争条件下，依据自身的实力和条件，确定的投标目标、竞争对策和报价技巧，即决定投标报价行为的决策思维和行动，包含投标报价目标、对策、技巧三要素。对投标单位来说，在掌握了竞争对手的信息动态和有关资料之后，一般是在对投标报价策略因互素综合分析的基础上，决定是否参加投标报价；决定参加投标报价后确定什么样的投标目标；在竞争中采取什么对策，以战胜竞争对手，达到中标的目的。这种研究分析，就是制定投标报价策略的具体过程。

投标报价目标是投标单位以特定的投标经营方式；利用自身的经营条件和优势，通过竞争的手段所力求达到的利益目标。这种利益目标是投标单位经营指导思想的具体体现，也是投标报价策略的核心要素和选择竞争对策、报价技巧的依据。研究投标报价策略要从分析投标报价目标开始，研究有关竞争对策，恰当使用报价技巧，形成一套完整的投标报价策略，实现中标的目的。

由于投标单位的经营能力和条件不同，出于不同目的，对同一招标项目，可以有不同投标报价目标的选择。

（1）生存型。投标报价是以克服企业生存危机为目标，争取中标可以不考虑种种利益原则。

（2）补偿型。投标报价是以补偿企业任务不足，以追求边际效益为目标。对工程设备投标表现较大热情，以亏损为代价的低报价，具有很强的竞争力。但受生产能力的限制，只宜在较小的招标项目考虑。

（3）开发型。投标报价是以开拓市场，积累经验，向后续投标项目发展为目标。投标带有开发性，以资金、技术投入手段，进行技术经验储备，树立新的市场形象，以争得后续投标的效益。其特点是不着眼于一次投标效益，用低报价吸引投标单位。

（4）竞争型。投标报价是以竞争为手段，以低盈利为目标，报价是在精确计算报价成本基础上，充分估价各个竞争对手的报价目标，以有竞争力的报价达到中标的目的。对工程设备投标报价表现出积极的参与意识。

（5）盈利型。投标投价充分发挥自身优势，以实现最佳盈利为目标，投标单位对效益无吸引力的项目热情不高，对盈利大的项目充满自信，也不太注重对竞争对手的动机分析和对策研究。

不同投标报价目标的选择是依据一定的条件进行分析决定的。竞争性投标报价目标是投标单位追求的普遍形式。

确定什么样的投标报价目标不是随心所欲，任意选择的。首先要研究招标项目在技术、经济、商务等诸多方面的要求，其次是剖析自身的技术、经济、管理诸多方面的优势和不足，然后将自身条件同投标项目要求逐一进行对照，确定自身在投标报价中的竞争位置，制定有利的投标报价目标。这种分析和对照主要考虑以下因素：

（1）技术装备能力和工人技术操作水平。投标项目的技术条件，给投标单位提出了相应技术装备能力和工人技术操作水平的要求。如果不能适应，就需要更新或新置技术设备，对工人进行技术培训，或是转包和在外组织采购，因此投标单位有无能力或由此引起的报价成本的变化，都直接影响着投标目标的选择。反之，具有较高技术装备和操作能力的投标单位去承担技术水平较低的工程项目，效益选择同样有较大局限性。

（2）设计能力。工程设计往往是投标项目组成部分，在综合性的招标项目中，设计工作要求和工作量占有更重要的地位，投标单位的设计能力能否适应招标项目的要求，直接决定着投标的方式和投标目标的选择，一个适应招标工程的设计能力，可以充分发挥投标单位的优势，立于竞争的主动地位。

（3）对招标项目的熟悉程序。所谓熟悉程度是投标单位对此工程项目过去是否承建过，积累有什么经验，预测风险的能力有多大等。项目熟悉就可以增强信心，减轻风险损失，尽可能扩大投标的竞争能力。项目不熟悉，就要充分考虑不可预见的风险因素，提供保障措施和设计应变能力。这就意味着间接投入的增多，在投标目标选择上就有一定的困难。

（4）投标项目可带来的随后机会。随后机会是投标单位在争取中标后，可能给今后连续性投标带的中标机遇，或是在今后对类似项目在投标时采取中标占有有利位置。如果随后机会较多，对投标单位树立形象和扩大市场有利，那么对这一招标项目在经济利益上做某些让步达到中标目的也是有利的。如果随后机会不多，那么对投标的经济效益要着重考虑。

（5）投标项目可能带来的出口机会。扩大国际市场，争取在国际投标中有位置是投标单位追求的重要目标，对能够给国际投标取胜带来较大机会的投标项目，无疑是投标单位应首先考虑的问题。它决定着对这一投标项目现实效益的低水平选择。

（6）投标项目可能带来的生产质量提高。投标项目一方面需要相适应的生产装备和劳动技能，另一方面也可能给投标单位带来技术的进步，管理水平的加强和工作质量的提高，这种质量提高的程度，无疑是投标单位感兴趣的，直接影响其投标盈利目标的决策。

（7）投标项目可能带来的成本降低机会，投标单位在争取中标后，在履约过程中，一般来说，各项管理提高的综合成果会直接反映在成本降低的机会和程度上，投标项目的完成能为以后承包经营带来成本降低较多较大的机遇，也会影响到投标单位投标盈利目标的决策。

（8）投标项目的竞争程度。竞争程度是指参与投标的单位的数量和各竞争投标者投标的动机和目标，它是从外部制约着投标单位效益目标选择的分寸。投标的竞争性决定了投标单位在投标时必须以内部条件为基础，以市场竞争为导向，制定正确的投标目标。

除此之外，对于不同投标单位来说，诸如承包工程交货条件、付款方式、历史经验、风险性等都是影响到投标目标选择的因素，从而对选择投标目标的决策起重要作用。

2. 投标报价技巧

投标报价技巧是指在工程项目的投标报价中采取的投标方式能让招标人接收，而中标后又能获得更多的利润。其作用在于：一是使实力较强的投标单位取得满意的投标成果；二是使实力一般的投标单位争得投标报价的主动地位；三是当报价出现某些失误时，可以得到某些弥补。因此，对投标单位来讲，必须十分重视对投标报价技巧的研究和使用。

投标时，既要自身的优势和劣势，也要分析投标项目的整体特点，按照工程的类别，施工条件等考虑报价策略。

1）报价可高一些的情况

（1）施工条件差（如场地狭窄、地处闹市）的工程。

（2）专业要求高的技术密集型工程，而本公司这方面有专长，声望也高时。

（3）总价低的小工程，以及自己不愿做而被邀请投标时，不便于不投标的工程。

（4）特殊的工程，如港口码头工程、地下开挖工程等。

（5）业主对工期要求急的工程。

（6）投标对手少的工程。

（7）支付条件不理想的工程。

2）报价应低一些的情况

（1）施工条件好的工程，工作简单、工程量大而一般公司都可以做的工程，如大量的土方工程，一般房建工程等。

（2）本公司目前急于打入某一市场、某一地区，以及虽已在某地区经营多年，但即将面临没有工程的情况（某些国家规定，在该国注册公司一年内没有经营项目时，就撤销营业执照），机械设备等无工地转移时。

（3）附近有工程而本项目可以利用该项工程的设备、劳务或有条件短期内突击完成的。

（4）投标对手多，竞争力激烈时。

（5）非急需工程。

（6）支付条件好，如现汇支付。

具体报价方法技能：

1）不平衡报价法

不平衡报价法也叫前重后轻法。不平衡报价是指一个工程项目的投标报价，在总价基本确定后，如何调整内部各个项目的报价，以期既不提高总价，不影响中标，又能在结算时得到更理想的经济效益。一般可以在以下几个方面考虑采用不平衡报价法。

（1）能够早日结账收款的项目（如开办费、土石方工程、基础工程等）可以报得高一些，以利资金周转，后期工程项目（如机电设备安装工程，装饰工程等）可适当降低。

（2）经过工程量核算，预计今后工程量会增加的项目，单价适当提高，这样在最终结算时可多赚钱，而将工程量可能减少的项目单价降低，工程结算时损失不大。

但是上述（1）、（2）两点要统筹考虑，针对工程量有错误的早期工程，如果不可能完成工程量表中的数量，则不能盲目抬高报价，要具体分析后再定。

（3）设计图纸不明确，估计修改后工程量要增加的，可以提高单价，而工程内容不清楚的，则可降低一些单价。

（4）暂定项目又叫任意项目或可选的项目，对这类项目要具体分析，因这一类项目要开工后再由业主研究决定是否实施，由哪一家承包商实施。如果工程不分标，只由一家承包商施工，则其中肯定要做的单价可高一些，不一定做的则应低一些。如果工程分标，该暂定项目也可能由其他承包商实施时，则不宜报高价，以免抬高总报价。

（5）在单价包干混合制合同中，有些项目业主要求采用包干报价时，宜报高价。一则这类项目多半有风险，二则这类项目在完成后可全部按报价结账，即可以全部结算回来，而其余单价项目则可适当降低。

但是不平衡报价一定要建立在对工程量表中工程量仔细核对分析的基础上，特别是对报低单价的项目，如工程量执行时增多将造成承包商的重大损失，同时一定要控制在合理幅度内（一般可以在10%左右），以免引起业主反对，甚至导致废标。如果不注意这一点，有时业主会挑选出报价过高的项目，要求投标者进行单价分析，而围绕单价分析中过高的内容压价，以致承包商得不偿失。

2）计日工的报价

如果是单纯报计日工的报价，可以报高一些。以便在日后业主用工或使用机械时可以多盈利。但如果招标文件中有一个假定的"名义工程量"时，则需要具体分析是否报高价。总之，要分析业主在开工后可能使用的计日工数量确定报价方针。

3）多方案报价法

对一些招标文件，如果发现工程范围不很明确，条款不清楚或很不公正，或技术规范要求过于苛刻时，要在充分估计投标风险的基础上，按多方案报价法处理。即按原招标文件报一个价，然后再提出"如某条款（如某规范规定）做某些变动，报价可降低多少……"，报一个较低的价。这样可以降低总价，吸引业主。或是对某些部分工程提出按"成本补偿合同"方式处理。其余部分报一个总价。

4）增加建议方案

有时招标文件中规定，可以提出建议方案，即可以修改原设计方案，提出投标者的方案。投标者这时应组织一批有经验的设计和施工工程师，对原招标文件的设计和施工方案仔细研究，提出更合理的方案以吸引业主，促成自己方案中标。这种新的建议方案可以降低总造价或提前竣工或使工程运用更合理。但要注意的是对原招标方案一定要标价，以供业主比较。增加建议方案时，不要将方案写得太具体，保留方案的技术关键，防止业主将此方案交给其他承包商，同时要强调的是，建议方案一定要比较成熟，或过去有这方面的实践经验。因为投标时间不长，如果仅为中标而匆忙提出一些没有把握的建议方案，可能引起很多后患。

5）突然降价法

报价是一件保密性很强的工作，但是对手往往通过各种渠道、手段来刺探情况，因此在报价时可以采取迷惑对方的手法。即先按一般情况报价或表现出自己对该工程兴趣不大，到快投标截止时，再突然降价。如鲁布革水电站引水系统工程突然降低，取得最低标，为以后中标打下基础。采用这种方法时，一定要在准备投标报价的过程中考虑好降价的幅度，在临近投标截止日期前，根据情报信息与分析判断，再做最后决策。如果由于采用突然降价法而中标，因为开标只降总价，在签订合同后可采用不平衡报价的思想调整工程量表内的各项单价或价格，以期取得更高的效益。

6）先亏后盈法

有的承包商，为了打进某一地区，依靠国家、某财团和自身的雄厚资本实力，而采取一种不惜代价，只求中标的低价报价方案。应用这种手法的承包商必须有较好的资信条件，并且提出的实施方案也先进可行，同时要加强对公司情况的宣传，否则即使标价低，业主也不一定选中。如果其他承包商遇到这种情况，不一定和这类承包商硬拼，而努力争第二、三标，再依靠自己的经验和信誉争取中标。

7）联合保标法

在竞争对手众多的情况下，可以采取几家实力雄厚的承包商联合起来控制标价，一家出面争取中标，再将其中部分项目转让给其他承包商分包，或轮流相互保标。在国际上这种做法很常见，但是如被业主发现，则有可能被取消投标资格。

6.1.5 工程项目开标、评标、定标

1. 开 标

开标是指在招标投标活动中，由招标人主持、邀请所有投标人和行政监督部门或公证机构人员参加的情况下，在招标文件预先约定的时间和地点当众对投标文件进行开启的法定流程。

1）开标的时间和地点

（1）开标时间应当在提供给每一个投标人的招标文件中事先确定，以使每一投标人都能事先知道开标的准确时间，以便届时参加，确保开标过程的公开、透明。

（2）开标时间应与提交投标文件的截止时间相一致。将开标时间规定为提交投标文件截止时间的同一时间，目的是为了防止招标人或者投标人利用提交投标文件的截止时间以后与开标时间之前的一段时间间隔做手脚，进行暗箱操作。例如，有些投标人可能会利用这段时间与招标人或招标代理机构串通，对投标文件的实质性内容进行更改等。关于开标的具体时间，实践中可能会有两种情况：如果开标地点与接受投标文件的地点相一致，则开标时间与提交投标文件的截止时间应一致；如果开标地点与提交投标文件的地点不一致，则开标时间与提交投标文件的截止时间应有一合理的间隔。《中华人民共和国招标投标法》关于开标时间的规定，与国际通行做法大体是一致的。如《联合国示范法》规定，开标时间应为招标文件中规定作为投标截止日期的时间。《世界银行采购指南》规定，开标时间应该和招标通告中规定的截标时间相一致或随后马上宣布。其中"马上"的含义可理解为需留出合理的时间把投标书运到公开开标的地点。

（3）开标应当公开进行。公开进行是开标活动都应当向所有提交投标文件的投标人公开。应当使所有提交投标文件的投标人到场参加开标。通过公开开标，投标人可以发现竞争对手的优势和劣势，可以判断自己中标的可能性大小，以决定下一步应采取什么行动。法律这样规定，是为了保护投标人的合法权益。只有公开开标，才能体现和维护公开透明、公平公正的原则。

为了使所有投标人都能事先知道开标地点，并能够按时到达，开标地点应当在招标文件中事先确定，以便使每一个投标人都能事先为参加开标活动做好充分的准备，如根据情况选择适当的交通工具，并提前做好机票、车票的预订工作等。招标人如果确有特殊原因，需要变动开标地点，则应当按照《中华人民共和国招标投标法》第23条的规定对招标文件作出修改，作为招标文件的补充文件，书面通知每一个提交投标文件的投标人。

2）开标程序

（1）由投标人或者其推选的代表检查投标文件的密封情况，也可以由招标人委托的公证机构检查并公证。投标人数较少时，可由投标人自行检查；投标人数较多时，也可以由投标人推举代表进行检查。招标人也可以根据情况委托公证机构进行检查并公证。公证是指国家专门设立的公证机构根据法律的规定和当事人的申请，按照法定的程序证明法律行为、有法律意义的事实和文书的真实性、合法性的非诉讼活动。公证机构是国家专门设立的，依法行使国家公证职权，代表国家办理公证事务，进行公证证明活动的司法证明机构。按照《公证暂行条例》的规定，公证处是国家公证机关。是否需要委托公证机关到场检查并公证，完全由招标人根据具体情况决定。招标人或者其推选的代表或者公证机构经检查发现密封被破坏的投标文件，应当予以拒收。

（2）经确认无误的投标文件，由工作人员当众拆封。投标人或者投标人推选的代表或者公证机构对投标文件的密封情况进行检查以后，确认密封情况良好，没有问题，则可以由现场的工作人员在所有在场的人的监督之下进行当众拆封。

招标人在招标文件要求提交投标文件的截止时间前收到的所有投标文件，开标时都应当当众予以拆封，不能遗漏，否则就构成对投标人的不公正对待。如果是招标文件所要求的提交投标文件的截止时间以后收到的投标文件，则应不予开启，原封不动地退回。按照本法的规定，对于截止时间以后收到的投标文件应当拒收。如果对于截止时间以后收到的投标文件也进行开标的话，则有可能造成舞弊行为，出现不公正，也是一种违法行为。

（3）宣读投标人名称、投标价格和投标文件的其他主要内容。即拆封以后，现场的工作人员应当高声唱读投标人的名称、每一个投标的投标价格以及投标文件中的其他主要内容。其他主要内容，主要是指投标报价有无折扣或者价格修改等。如果要求或者允许报替代方案的话，还应包括替代方案投标的总金额。比如建设工程项目，其他主要内容还应包括：工期、质量、投标保证金等。这样做的目的在于，使全体投标者了解各家投标者的报价和自己在其中的顺序，了解其他投标的基本情况，以充分体现公开开标的透明度。

开标过程应当记录，并存档备查。这是保证开标过程透明和公正，维护投标人利益的必要措施。要求对开标过程进行记录，可以使权益受到侵害的投标人行使要求复查的权利，有利于确保招标人尽可能自我完善，加强管理，少出漏洞。此外，这还有助于有关行政主管部门进行检查。开标过程进行记录，要求对开标过程中的重要事项进行记载，包括开标时间、开标地点、开标时具体参加单位、人员、唱标的内容、开标过程是否经过公证等都要记录在案。记录以后，应当作为档案保存起来，以方便查询。任何投标人要求查询，都应当允许。对开标过程进行记录、存档备查，是国际上的通行做法，《联合国采购示范法》《世界银行采购指南》《亚行采购准则》以及瑞士和美国的有关法律都对此做了规定。

《招标投标法实施条例》第 36 条规定了招标人可以按照法律规定拒收或者不予受理投标文件的情形，一是未通过资格预审的申请人提交的投标文件，二是逾期送达的投标文件，三是不按照招标文件要求密封的投标文件。

2. 评 标

评标是指按照规定的评标标准和方法，对各投标人的投标文件进行评价比较和分析，从中选出最佳投标人的过程。评标是招标投标活动中十分重要的阶段，评标是否真正做到公开、公平、公正，决定着整个招标投标活动是否公平和公正；评标的质量决定着能否从众多投标竞争者中选出最能满足招标项目各项要求的中标者。

1）评标原则

（1）公平、公正。

（2）依法评标。

（3）严格按照招标文件评标：只要招标文件未违反现行的法律、法规和规章，没有前后矛盾的规定，就应严格按照招标文件及其附件、修改纪要、答疑纪要进行评审。

（4）合理、科学、择优。

（5）对未提供证明资料的评审原则。凡投标人未提供的证明材料（包括资质证书、业绩证明、职业资格或证书等），若属于招标文件强制性要求的，评委均不予确认，应否决其投标；若属于分值评审法或价分比法的评审因素，则不计分，投标人不得进行补正。

（6）做有利于投标人的评审。若招标文件表述不够明确，应做出对投标人有利的评审，但这种评审结论不应导致对招标人的具有明显的因果关系的损害。

（7）反不正当竞争。评审中应严防串标、挂靠围标等不正当竞争行为。若无法当场确认，那么事后可向监管部门报告。

（8）记名表决。一旦评审出现分歧，则应采用少数服从多数的表决方式，表决时必须署名，但应保密，即不应让投标人知道谁投赞成票、谁投反对票。

（9）保密原则：评委必须对投标文件的内容、评审的讨论细节进行保密。

2）评标委员会的组成与要求

评标委员会须由下列人员组成：

（1）招标人的代表。招标人的代表参加评标委员会，以在评标过程中充分表达招标人的意见，与评标委员会的其他成员进行沟通，并对评标的全过程实施必要的监督，都是必要的。

（2）相关技术方面的专家。由招标项目相关专业的技术专家参加评标委员会，对投标文件所提方案的技术上的可行性、合理性、先进性和质量可靠性等技术指标进行评审比较，以确定在技术和质量方面确能满足招标文件要求的投标。

（3）经济方面的专家。由经济方面的专家对投标文件所报的投标价格、投标方案的运营成本、投标人的财务状况等投标文件的商务条款进行评审比较，以确定在经济上对招标人最有利的投标。

（4）其他方面的专家。根据招标项目的不同情况，招标人还可聘请除技术专家和经济专家以外的其他方面的专家参加评标委员会。比如，对一些大型的或国际性的招标采购项目，还可聘请法律方面的专家参加评标委员会，以对投标文件的合法性进行审查把关。

对成员的要求：

评标委员会成员人数须为 5 人以上单数。评标委员会成员人数过少，不利于集思广益，从经济、技术各方面对投标文件进行全面的分析比较，以保证评审结论的科学性、合理性。当然，评标委员会成员人数也不宜过多，否则会影响评审工作效率，增加评审费用。要求评审委员会成员人数须为单数，以便于在各成员评审意见不一致时，可按照多数通过的原则产生评标委员会的评审结论，推荐中标候选人或直接确定中标人。

（1）专家人数。

评标委员会成员中，有关技术、经济等方面的专家的人数不得少于成员总数的 2/3，以保证各方面专家的人数在评标委员会成员中占绝大多数，充分发挥专家在评标活动中的权威作用，保证评审结论的科学性、合理性。

（2）专家条件。

参加评标委员会的专家应当同时具备以下条件：① 从事相关领域工作满 8 年。② 具有高级职称或者具有同等专业水平。具有高级职称，即具有经国家规定的职称评定机构评定，取得高级职称证书的职称，包括高级工程师，高级经济师，高级会计师，正、副教授，正、副研究员等。对于某些专业水平已达到与本专业具有高级职称的人员相当的水平，有丰富的实践经验，但因某些原因尚未取得高级职称的专家，也可聘请作为评标委员会成员。

评审专家是由招标人从国务院有关部门或者省、自治区、直辖市人民政府有关部门提供的专家名册中相关专业的专家名单中确定。由于招标项目是由招标人提出的，评标委员会也是由招标人依法组建的，因此，参加评标委员会的专家也应由招标人来确定。《中华人民共和国招标投标法》对招标人选择专家的范围做了限制，即应当从国务院有关部门或省级人民政府有关部门提供的专家名册中选定。国务院有关部门和省级人民政府有关部门应当建立各行业有关专业的专家名册，进入名册的专家应当是经政府有关部门通过一定的程序选择的在专业知识、实践经验和人品等方面比较优秀的专家。专家名册中所涉及的专业面应当比较广泛，以便不同招标项目的招标人都能够从中选出本招标项目所需的相关专业的专家。这里应当指出的是，国务院有关部门或省级人民政府有关部门只是提供专家名册，由招标人从中挑选符合条件的专家，而不是由政府有关部门直接指定进入评标委员会的专家，否则就构成对评标过程的不当干预，这是法律所不允许的。按照规定，招标代理机构应当有符合法定条件的专家库，招标人也可以从招标代理机构的专家库中挑选进入评标委员会的专家。对于一般招标项目，可以采取随机抽取的方式确定，而对于特殊招标项目，由于其专业要求较高，技术要求复杂，则可以由招标人在相关专业的专家名单中直接确定。

与投标人有利害关系的人不得进入相关项目的评标委员会。与投标人有利害关系的人，包括投标人的亲属、与投标人有隶属关系的人员以及中标结果的确定涉及其利益的其他人员。如果与投标人有利害关系的人已经进入评标委员会，经审查发现以后，应当按照法律规定更换，评标委员会的成员自己也应当主动退出。

评标委员会成员的名单在中标结果确定前应当保密，以防止有些投标人对评标委员会成员采取行贿等手段，以谋取中标。

3）评标的步骤

评标的目的是根据招标文件中确定的标准和方法，对每个投标商的标书进行评价和比较，以评出最低投标价的投标商。评标必须以招标文件为依据，不得采用招标文件规定以外的标准和方法进行评标，凡是评标中需要考虑的因素都必须写入招标文件之中。

评标的一般程序包括组建评标委员会、评标准备、初步评审和详细评审并编写评标报告。

（1）组建评标委员会。

评标委员会可以设主任一名，必要时可增设副主任一名，负责评标活动的组织协调工作，评标委员会主任在评标前由评标委员会成员通过民主方式推选产生，或由招标人或其代理机构指定（招标人代表不得作为主任人选）。评标委员会主任与评标委员会其他成员享有同等的表决权。若采用电子评标系统，则须选定评标委员会主任，由其操作"开始投票"和"拆封"。

有的招标文件要求对所有投标文件设主审评委、复审评委各一名，主审、复审人选可由招标人或其代理机构在评标前确定，或由评标委员会主任进行分工。

（2）评标准备。

① 了解和熟悉相关内容：

a. 招标目标。

b. 招标项目范围和性质。

c. 招标文件中规定的主要技术要求、标准和商务条款。

d. 招标文件规定的评标标准、评标方法和在评标过程中考虑的相关因素。

e. 有的招标文件（主要是工程项目）发售后，进行了数次的书面答疑、修正，故评委应将其全部汇集装订。

② 分工、编制表格：根据招标文件的要求或招标内容的评审特点，确定评委分工；招标文件未提供评分表格的，评标委员会应编制相应的表格；此外，评标标准不够细化时，应先予以细化。

③ 暗标编码：对需要匿名评审的文本进行暗标编码。

（3）初步评标。

初步评标工作比较简单，但却是非常重要的一步。初步评标的内容包括供应商资格是否符合要求，投标文件是否完整，是否按规定方式提交投标保证金，投标文件是否基本上符合招标文件的要求，有无计算上的错误等。如果供应商资格不符合规定，或投标文件未做出实质性的反映，都应作为无效投标处理，不得允许投标供应商通过修改投标文件或撤销不合要求的部分而使其投标具有响应性。经初步评标，凡是确定为基本上符合要求的投标，下一步要核定投标中有无计算和累计方面的错误。在修改计算错误时，要遵循两条原则：如果数字表示的金额与文字表示的金额有出入，要以文字表示的金额为准；如果单价和数量的乘积与总价不一致，要以单价为准。但是，如果采购单位认为有明显的小数点错误，此时要以标书的总价为准，并修改单价。如果投标商不接受根据上述修改方法而调整的投标价，可拒绝其投标并没收其投标保证金。

（4）详细评标。

在完成初步评标以后，下一步就进入到详细评定和比较阶段。只有在初评中确定为基本合格的投标，才有资格进入详细评定和比较阶段。具体的评标方法取决于招标文件中的规定，并按评标价的高低，由低到高，评定出各投标的排列次序。

在评标时，当出现最低评标价远远高于标底或缺乏竞争性等情况时，应废除全部投标。

详细评审的方法包括综合评估法和经评审的最低投标价法。

① 综合评估法：在满足招标文件实质性要求的条件下，依据招标文件中规定的各项因素进行综合评审，以评审总得分最高的投标人作为中标（候选）人的评标方法。

② 经评审的最低投标价法：在满足招标文件实质性要求的条件下，评委对投标报价以外的价值因素进行量化并折算成相应的价格，再与报价合并计算得到折算投标价，从中确定折算投标价最低的投标人作为中标（候选）人的评审方法。

（5）编写并上报评标报告。

评标工作结束后，采购单位要编写评标报告，上报采购主管部门。评标报告包括以下内容：

① 招标通告刊登的时间、购买招标文件的单位名称。

② 开标日期。

③ 投标商名单。

④ 投标报价及调整后的价格（包括重大计算错误的修改）。

⑤ 价格评比基础。

⑥ 评标的原则、标准和方法。

⑦ 授标建议。

3．定　标

1）确定中标候选人

定标途径分为两种：① 依据评分、评议结果或评审价格直接产生候选人；② 经评审合格后以随机抽取的方式产生候选人，如固定低价评标法、组合低价评标法。

定标模式分为两种：① 经授权、由评标委员会直接确定中标人；② 未经授权，评标委员会向招标人推荐中标候选人。

根据《评标委员会和评标方法暂行规定》，在依法招标的项目中，对于采用最低投标价法、综合评估法或者法律、行政法规允许的其他评标方法项目，评标委员会完成评标后，需书面形式给招标人推荐的满足招标文件要求的中标候选人。中标候选人限定在一至三人，根据评标情况予以排名。招标人应当确定排名第一的中标候选人为中标人。排名第一的中标候选人放弃中标、因不可抗力因素提出不能履行合同，或者招标文件规定应当提交履约保证金而在规定的期限内未能提交的，招标人可以确定排名第二的中标候选人为中标人。排名第二的中标候选人因前款规定的同样原因不能签订合同的，招标人可以确定排名第三的中标候选人为中标人。招标人可以授权评标委员会直接确定中标人。

无论采用何种定标途径、定标模式、评标方法，对于法定采购项目（依据《政府采购法》或《招标投标法》及其配套法规、规章规定必须招标采购的项目），招标人都不得在评标委员会依法推荐的中标候选人之外确定中标人，也不得在所有投标被评标委员会否决后自行确定中标人，否则中标无效，招标人还会受到相应处理。对于非法定采购项目，若采用公开招标或邀请招标，那么招标人如果在评标委员会依法推荐的中标候选人之外确定中标人的，也将承担法律责任。

2）发出中标通知书并订立书面合同

（1）中标通知书。

中标通知书是指招标人在确定中标人后向中标人发出的通知其中标的书面凭证。中标通知书的内容应当简明扼要，只要告知招标项目已经由其中标，并确定签订合同的时间、地点即可，中标通知书主要内容应包括：中标工程名称、中标价格、工程范围、工期、开工及竣工日期、质量等级等。对所有未中标的投标人也应当同时给予通知。投标人提交投标保证金的，招标人还应退还这些投标人的投标保证金。

中标人确定后，招标人应当向中标人发出中标通知书，并同时将中标结果通知所有未中标的投标人，中标通知书对招标人和中标人具有法律效力，中标通知书发出后，招标人改变中标结果，或者中标人放弃中标项目的，应当依法承担法律责任。中标人应当自中标通知书发出之日起30日内，按照招标文件和招标人签订书面合同。

（2）履约担保。

履约担保是指发包人在招标文件中规定的要求承包人提交的保证履行合同义务的担保。履约担保是工程发包人为防止承包人在合同执行过程中违反合同规定或违约，并弥补给发包人造成的经济损失。履约担保有现金、支票、履约担保书和履约保函等形式，可选择其中一种作为招标项目的履约担保，一般采用银行保函和履约担保书。履约担保金额一般为中标价的 10%。中标人不能按要求提供履约担保的，视为放弃中标，其投标保证金不予退还，给招标人造成的经济损失超过投标保证金数额的，中标人应当对超过部分予以赔偿。中标后的承包人应保证在发包人颁发工程接收证书之前一直有效。发包人应在工程接收证书颁发后28日内将履约担保退还给承包人。

（3）签订合同。

招标人和中标人应当自中标通知书发出之日起30日内，按照招标文件和中标人的投标文件订立书面合同。招标人和中标人不得再行订立背离合同实质性内容的其他协议。中标人无正当理由拒签合同的，招标人取消其中标资格，其投标保证金不予退还；给招标人造成的经济损失超过投标保证金数额的，中标人应当对超过部分予以赔偿。发出中标通知书后，招标人无正当理由拒签合同的，招标人向中标人退还投标保证金；给中标人造成的经济损失还应当予以赔偿。招标人与中标人签订合同后 5 个工作日内，应当向中标人和未中标的投标人退还投标保证金。

（4）履行合同。

中标人应当按照合同约定履行合同，完成中标项目。中标人不得向他人转让中标项目，也不得将中标项目肢解后分别向他人转让。

中标项目虽然不能转让，但可以分包。分包中标项目是指对中标项目实行总承包的中标人，将中标项目的部分工作，再发包给其他人完成的行为。原则上讲，中标人应该独立地履行中标人义务。但是，由于有的招标项目比较庞大、复杂，为使中标项目能够得到更好的完成，法律允许中标人在一定的条件下，将中标项目分包给他人。其前提条件：① 合同中有允许分包的约定或者分包已经得到招标人同意；② 分包给他人完成的是中标项目的部分非主体、非关键性工作；③ 接受分包的人应该具备相应的资格条件，并不得再次分包。

3）重新招标和不再招标

（1）有下列情形之一的，招标人应当依法重新招标。

① 资格预审合格的潜在投标人不足 3 个的。

② 在投标截止时间前提交投标文件的投标人少于 3 个的。

③ 所有投标均被废标处理或被否决的。

④ 评标委员会界定为不合格标或废标后，因有效投标不足 3 个使得投标明显缺乏竞争，评标委员会决定否决全部投标的。

⑤ 同意延长投标有效期的投标人少于 3 个的。

（2）重新招标后投标人仍少于 3 个或者所有投标被否决的，属于必须审批或核准的工程建设项目，经原审批或核准部门批准后不再进行招标。

4）招投标或对中的纪律和监督

（1）对招标人及招标代理机构的纪律要求。

招标人及招标代理机构不得泄露招标投标活动中应当保密的情况和资料，不得与投标人串通损害国家利益、社会公共利益或者他人合法权益。

（2）对投标人的纪律要求。

投标人不得相互串通投标或者与招标人及招标代理机构串通投标，不得向招标人及招标代理机构或者评标委员会成员行贿谋取中标，不得以他人名义投标或者以其他方式弄虚作假骗取中标，不得以任何方式干扰、影响评标工作。

（3）对评标委员会成员的纪律要求。

评标委员会成员不得收受他人的财物或者其他好处，不得向他人透漏对投标文件的评审和比较、中标候选人的推荐情况以及评标有关的其他情况。在评标活动中，评标委员会成员不得擅离职守，影响评标程序正常进行，不得使用招标文件评标办法中没有规定的评审因素和标准进行评标。

（4）对与评标活动有关的工作人员的纪律要求。

与评标活动有关的工作人员不得收受他人的财物或者其他好处，不得向他人透漏对投标文件的评审和比较、中标候选人的推荐情况以及评标有关的其他情况。在评标活动中，与评标活动有关的工作人员不得擅离职守，影响评标程序正常进行。

（5）投诉。

投标人和其他利害关系人认为本次招标活动违反法律、法规和规章规定的，有权向有关行政监督部门投诉。

6.2　建设工程施工招标价、施工投标报价与发承包价格

6.2.1　招标控制价

招标控制价是指由业主根据国家或省级、行业建设主管部门颁发的有关计价依据和办法按设计施工图纸计算的，对招标工程限定的最高工程造价。有的省、市又将其称为拦标价、最高限价、预算控制价、最高报价值。

1. 招标控制价的编制原则

1）招标控制价应具有权威性

从招标控制价的编制依据可以看出，编制招标控制价应按照《建设工程工程量清单计价

规范》以及国家或省级、国务院部委等有关建设主管部门发布的计价定额和计价方法根据设计图纸及有关计价规定等进行编制。

2）招标控制价应具有完整性

招标控制价应由分部分项工程费、措施项目费、其他项目费、规费、税金以及一定范围内的风险费用组成。

3）招标控制价与招标文件的一致性

招标控制价的内容、编制依据应该与招标文件的规定相一致。

4）招标控制价的合理性

招标控制价格作为业主进行工程造价控制的最高限额，应力求与建筑市场的实际情况相吻合，要有利于竞争且能保证工程质量。

5）一个工程只能编制一个招标控制价

这一原则体现了招标控制价的唯一性原则，同时也体现了招标中的公正性原则。

2．招标控制价的编制依据

招标控制价应参考下列依据编制：

（1）《建设工程工程量清单计价规范》。

（2）国家或省级、国务院有关部门建设主管部门颁发的计价定额和计价办法。

（3）建设工程设计文件及相关资料。

（4）招标文件中的工程量清单及有关要求。

（5）与建设项目相关的标准、规范、技术资料。

（6）工程造价管理机构发布的工程造价信息；工程造价信息没有发布的参照市场价。

（7）其他的相关资料，主要指施工现场情况、工程特点及常规施工方案等。

3．招标控制价的编制方法

招标控制价的编制方法与招标文件的内容要求有关。如果采用以往的施工图预算模式招标，则招标控制价也应该按照施工图预算的计算方法来编制。如果采用工程量清单模式招标，则招标控制价的编制就应该按照工程量清单报价的方法来编制。

1）分部分项工程费计价

分部分项工程费计价是招标控制价编制的主要内容和工作，其实质就是综合单价的组价问题。

在编制分部分项工程量清单计价表时，项目编码、项目名称、项目特征、计量单位、工程数量应该与招标文件中的分部分项工程量清单的内容完全一致，特别注意不得增加项目，不得减少项目，不得改变工程数量的大小。应该认真填写每一项的综合单价，然后计算出每一项的合价，最后得出分部分项工程量清单的合计金额。

根据《建设工程工程量清单计价规范》的规定，综合单价是指完成一个规定计量单位的分部分项工程量清单项目或措施项目所需的人工费、材料费、施工机械使用费、管理费和利润，以及一定范围内的风险费用。其中风险费用的内容和考虑幅度应该与招标文件的相应要求一致。

综合单价组价时，应该根据与组价有关的施工方案或施工组织设计、工程量清单的项目特征描述，结合依据的定额子目的有关工作内容进行。

目前，由于我国各省、自治区、直辖市实施的《建设工程工程量清单计价规范》配套编制的预算定额（或称消耗量定额）的表现形式不同，组价的方法也有所不同。此外，由于《建设工程工程量清单计价规范》规定的计量单位及工程量计算规则与预算定额的规定在一些工程项目上不同，组价时也需要经过换算。

（1）不同定额表现形式的组价方法。

① 用综合单价（基价）表现形式的组价。用综合单价（基价）形式编制定额，提供了组合清单项目综合单价的极好平台。因而，工程量清单项目可直接对应定额项目，此时，只需对材料单价发生了变化的材料价格进行调整，对人工、机械等费用发生变化的进行调整，即可组成新的工程量清单项目综合单价。

② 用消耗量定额和价目表表现形式的组价。工程量清单项目对应定额项目后，还须对人工、材料、机械台班消耗量用价目表组价，与价目表标注价格不一致时，进行调整，组成工料机的单价，企业管理费和利润还须另外计算，也可计入综合单价中，也可计入总价中。

（2）《建设工程工程量清单计价规范》规定的与定额计价法规定的计量单位及工程量计算规则不同时的组价方法。由于《建设工程工程量清单计价规范》对项目的设置是对实体工程项目划分，因而规定的计量单位、工程量计算规则包含内容比较全面，而预算定额（消耗量定额）对项目的划分往往比较单一，有的项目按《建设工程工程量清单计价规范》包含的内容也无法编制。因此，这会造成《建设工程工程量清单计价规范》的规定与定额计价法在计量单位、工程量计算规则上的不完全一致。例如，门、窗工程，《建设工程工程量清单计价规范》规定的计量单位为"樘"时，计算规则为"按设计图示数量计算"，在工程量清单中对工程内容的描述可能包括门窗制作、运输、安装、五金、玻璃安装，刷防护材料、油漆等。如果按《建设工程工程量清单计价规范》的规定来编制预算定额（消耗量定额），其项目划分将因门窗的规格大小、使用的材质，五金的种类，玻璃的种类、厚度，防护材料、油漆的种类、刷漆遍数等不同的组合，不知要列多少项目。因此，预算定额（消耗定额量）一般将门窗的制作安装、玻璃安装、油漆分别列项，计量单位用"平方米"计量，以满足门窗工程的需要。相应的，用此组成工程量清单项目的综合单价就需要进行一些换算。

2）措施项目费计价

对于措施项目清单内的项目，编制人可以根据编制的具体施工方案或施工组织设计，认为不发生者费用可以填零，认为需要增加者可以自行增加。例如，措施项目清单中的大型机械设备进出场及安拆费，如果正常的施工组织设计中没有使用大型机械，则金额应该填为零；反过来说，如果正常的施工组织设计中使用了某种大型机械，而措施项目清单中没有列出大型机械设备进出场及安拆费项目，则可以在编制时自行增加。

措施项目中的安全文明施工费按照《建设工程工程量清单计价规范》的要求，应按照国家或省级、行业建设主管部门规定的标准计取。

措施项目组价方法一般有两种：

（1）用综合单价形式的组价。这种组价方式主要用于混凝土、钢筋混凝土模板及支架、脚手架、施工排水、降水等，其组价方法与分部分项工程量清单项目相同。

（2）用费率形式的组价。这种组价方式主要用于措施费用的产生和金额的大小与使用时间、施工方法或者两个以上工序相关，与实际完成的实体工程量的多少关系不大的措施项目。

如安全文明施工费、大型机械进出场及安拆费等，编制人应按照工程造价管理机构的规定计算。

3）其他项目费组价

（1）暂列金额应按照有关计价规定，根据工程结构、工期等估算。

（2）暂估价中的材料单价应根据工程造价信息或参照市场价格估算并计入综合单价；暂估价中的专业工程金额应分为不同专业，按有关计价规定估算。

（3）计日工应根据工程特点和有关计价依据计算。

（4）总承包服务费应根据招标文件列出的内容和要求按有关计价规定估算。

4）规费与税金的计取

规费与税金应按照国家或省级、国务院部委有关建设主管部门规定的费率计取。

5）其他有关表格的填写

（1）填写分析表。编制人还应该按照《建设工程工程量清单计价规范》的有关要求，认真填写"分部分项工程量清单综合单价分析表"、"措施项目费分析表"、"主要材料价格表"等。

（2）填写单位工程费汇总表。编制人按照招标文件要求的格式，填写和计算"单位工程费汇总表"。填写和计算时应该注意，"分部分项工程量清单计价合计"、"措施项目清单计价合计"、"其他项目清单计价合计"、"规费"和"税金"的填写金额必须与前述的有关计价表的合计值相同。

（3）填写单项工程费汇总表。编制人按照招标文件要求的格式，填写和计算"单项工程费汇总表"。填写和计算时应该注意，每一个单位工程的费用金额必须与前述各单项工程费汇总表的合计金额相同。

（4）填写工程项目总价表。编制人按照招标文件要求的格式，填写和计算"工程项目总价表"。填写和计算时应注意，每一个单项工程的费用金额必须与前述各单项工程费汇总表的合计金额相同。

（5）填写编制说明。编制说明主要包括编制依据和编制说明两部分。其中，编制说明主要说明编制中有关问题的考虑和处理。

（6）填写封面。

6）需要考虑的有关因素

（1）招标控制价必须符合目标工期的要求，对提前工期所采取的措施因素应有所反应，即按提前工期的天数给出必要的赶工费。

（2）招标控制价必须保证满足招标方的质量要求，对高于国家施工验收规范的质量因素应有所反应。

（3）招标控制价要适应建筑材料市场价格的变化因素，可列出清单，随同招标文件，供投标时参考，并在编制招标控制价时考虑材料差价方面的因素。

（4）招标控制价应合理考虑招标工程的自然地理条件等因素，将由于自然条件导致施工不利因素而增加的费用计入招标控制价内。

4. 招标控制价的管理

1）招标控制价的复核

招标控制价复核的主要内容：

（1）承包工程范围、招标文件规定的计价方法及招标文件的其他有关条款。

（2）工程量清单单价组成分析：人工、材料、机械台班费、管理费、利润、风险费用以及主要材料数量等。

（3）计日工单价等。

（4）规费和税金的计取等。

2）招标控制价的公布和备查

（1）招标控制价应在招标时公布，不应上调或下浮。

（2）招标人应将招标控制价及有关资料报送工程所在地工程造价管理机构备查。

3）招标控制价的投诉与处理

（1）投标人经复核认为招标人公布的招标控制价未按照本规范的规定进行编制的，应在开标前5天向招投标监督机构或（和）工程造价管理机构投诉。

（2）招投标监督机构应会同工程造价管理机构对投诉进行处理，发现确有错误的，应责令招标人修改。

6.2.2 投标报价

投标报价是指承包商采取投标方式承揽工程项目时，计算和确定承包该工程的投标总价格。

1. 施工投标文件的内容

投标人应当按照招标文件的要求编制投标文件。投标文件应当对招标文件提出的实质性要求和条件作出响应。投标文件的内容应包括：

（1）投标函。

（2）投标书附录。

（3）投标保证金。

（4）法定代表人资格证明书。

（5）授权委托书。

（6）具有标价的工程量清单与报价表。

（7）辅助资料表。

（8）资格审查表（资格预审的不采用）。

（9）对招标文件中的合同协议条款内容的确认和响应。

（10）招标文件规定提交的其他资料。

2. 施工投标的程序

建设工程施工投标的一般程序，如图6-1所示。

3. 施工投标的准备

1）研究招标文件

取得招标文件以后，首要的工作是仔细认真地研究招标文件，充分了解其内容和要求，并发现应提请招标单位予以澄清的疑点。研究招标文件要做好以下几方面工作：

（1）研究工程综合说明，借以获得对工程全貌的轮廓性了解。

（2）熟悉并详细研究设计图纸和技术说明书，目的在于弄清工程的技术细节和具体要求，使制定施工方案和报价有确切的依据。

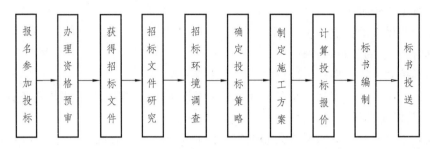

图 6-1　建设工程施工投标程序

（3）研究合同主要条款，明确中标后应承担的义务、责任及应享受的权利，重点是承包方式，开竣工时间及工期奖惩，材料供应及价款结算办法，预付款的支付和工程款结算办法，工程变更及停工、窝工损失处理办法等。

（4）熟悉投标单位须知，明确了解在投标过程中，投标单位应在什么时间做什么事和不允许做什么事，目的在于提高效率，避免造成废标。

2）调查投标环境

投标环境就是投标工作的自然、经济和社会条件。

（1）施工现场条件，可通过踏勘现场和研究招标单位提供的地基勘探报告资料来了解。资料主要包括：场地的地理位置，地上、地下有无障碍物，地基土质及其承载力，进出场通道，给排水、供电和通信设施，材料堆放场地的最大容量，是否需要一次搬运，临时设施场地等。

（2）自然条件，主要是影响施工的风、雨、气温等因素。如风、雨季的起止期，常年最高、最低和平均气温以及地震烈度等。

（3）建材供应条件，包括砂石等地方材料的采购和运输，钢材、水泥、木材等材料的供应来源和价格，当地供应构配件的能力和价格，租赁建筑机械的可能性和价格等。

（4）专业分包的能力和分包条件。

（5）生活必需品的供应情况。

3）确定投标策略

建筑企业参加投标竞争，目的在于得到对自己最有利的施工合同，从而获得尽可能多的利润。为此，必须研究投标策略，以指导其投标全过程的活动。

4）制定施工方案

施工方案是投标报价的一个前提条件，也是招标单位评标要考虑的重要因素之一。施工方案主要应考虑施工方法、主要机械设备、施工进度、现场工人数目的平衡以及安全措施等，要求在技术和工期两方面对招标单位有吸引力，同时又有助于降低施工成本。

4. 施工投标报价的编制

1）投标报价的编制依据

投标报价应参考下列依据编制：

（1）《建设工程工程量清单计价规范》。

（2）国家或省级、国务院有关部门建设主管部门颁发的计价办法。

（3）企业定额，国家或省级、国务院有关部门建设主管部门颁发的计价定额。

（4）招标文件、工程量清单及其补充通知、答疑纪要。

（5）建设工程设计文件及相关资料。

（6）施工现场情况、工程特点及拟定的施工组织设计或施工方案。

（7）与建设项目相关的标准、规范等技术资料。

（8）市场价格信息或工程造价管理机构发布的工程造价信息。

（9）其他相关资料。

2）投标报价的编制方法

投标报价的编制方法与招标控制价的编制方法基本相同。下面就承包商在投标报价编制中应该特别注意的问题进行简要叙述。

（1）分部分项工程量清单计价。

① 复核分部分项工程量清单的工程量和项目是否准确。

② 研究分部分项工程量清单中的项目特征描述。只有充分地了解了该项目的组成特征，才能够准确地进行综合单价的确定。

例如，《建设工程工程量清单计价规范》中水泥砂浆楼地面的防水（潮）层，应该描述在水泥砂浆楼地面的清单项目内，如果没有在水泥砂浆楼面的清单项目中予以描述，则不能因为《建设工程工程量清单计价规范》中水泥砂浆楼地面的工程内容中有"防水层铺设"，而认为水泥砂浆楼地面的综合单价中就应该包括防水层的费用。应当视为"防水层"属于工程量清单的漏项，承包商可以进行索赔。

③ 进行清单综合单价的计算。分部分项工程量清单综合单价计算的实质，就是综合单价的组价问题。

工程实践中，综合单价的组价方法主要有两种：

a. 依据定额计算。这是针对工程量清单中的一个项目描述的特征，按照有关定额的项目划分和工程量计算规则进行计算，得出该项目的综合单价。特别应该注意，按照定额计算的有关费用，应该和《建设工程工程量清单计价规范》要求的综合单价包的内容完全一致。

例如，某安装胶合板门的工程量清单中，项目描述的特征包括制作、安装（含小五金）、油漆等内容，工程量 200 樘。首先根据有关定额的项目划分和工程量计算规则，分别列项计算出 200 樘给定尺寸的胶合板门的安装及框制作工程量、门扇制作工程量、油漆工程量。然后，根据清单中描述的材料、规格、做法要求选择套用有关定额子目，需要换算的按规定进行定额换算。进行定额套用定额规定的人工费调整、材料差价调整、机械费调整和有关费用计算（包括风险费用），得出 200 樘胶合板门的总费用。最后，将总费用除以 200，得出每樘的有关综合单价。

最后，将综合单价填入"分部分项工程量清单计价表"内；如果招标文件要求提交"分部分项工程量清单综合单价分析表"时，还应将上述的计算结果填入该表的相应栏目内。

b. 根据实际费用估算。这是针对工程量清单中的一个项目描述的特征，按照实际可能发

123

生的费用项目进行有关费用估算并考虑风险费用，然后再除以清单工程量得出该项目的综合单价。特别应该注意，按照实际计算的有关费用，应该和《建设工程工程量清单计价规范》要求的综合单价包括的内容完全一致。

例如，某基础土方工程，工程量清单中项目描述的特征为土方开挖、土方运输（堆弃土地点及运距自定），工程量 1 200 m³。那么首先根据工程实际情况，施工组织设计确定采用反铲挖掘对基坑开挖，自卸汽车运土方式开挖，基底加宽施工工作面每边 800 mm、确定堆弃土地点及运距 10 km；然后，计算出实际的挖土方量为 1 800 m³ 根据市场上的反铲挖掘机挖土和自卸汽车运土 10 km 的每立方米单价，估算出机械土方施工的费用；根据以往经验，估算出人工配合挖土所需要的人工费、机械费及其风险费用；汇总 1 800 m³ 土方工程施工所需的各项估算费用及管理费、预期利润；最后，将总费用除以 1 200 m³，得出每立方米的综合单价。

④ 进行工程量清单综合单价的调整。根据投标策略进行综合单价的适当调整。值得注意的是，综合单价调整时，过度降低综合单价可能会加大承包商亏损的风险；过度提高综合单价可能会失去中标的机会。

⑤ 编制分部分项工程量清单计价表。将调整后的综合单价填入分部分项工程量清单计价表，计算各个项目的合价和合计。

特别提醒，在编制分部分项工程量清单计价表时，项目编码、项目名称、项目特征、计量单位、工程数量，必须与招标文件中的分部分项工程量清单的内容完全一致。调整后的综合单价，必须与分部分项工程量清单综合单价分析表中的综合单价完全一致。

（2）措施项目工程量清单计价。

鉴于清单编制人提出的措施项目工程量清单是根据一般情况确定的，没有考虑不同投标人的"个性"，投标人可以在报价时根据企业的实际情况增减措施项目内容报价。承包商在措施项目工程量清单计价时，根据编制的施工方案或施工组织设计，对于措施项目工程量清单中认为不发生的，其费用可以填写为零；对于实际需要发生，而工程量清单项目中没有的，可以自行填写增加，并报价。

措施项目工程量清单计价表以"项"为单位，填写相应的所需金额。

每一个措施项目的费用计算，应按招标文件的规定，相应采用综合单价或按每一项措施项目报总价。

需要注意的是，对措施项目中的安全文明施工费，应按照《建设工程工程量清单计价规范》的要求，依据国家或省级、行业建设主管部门规定的标准计取，不参与竞争。

（3）其他项目工程量清单计价。

① 暂列金额应按招标人在其他项目清单中列出的金额填写，不得增加或减少。

② 材料暂估价应按招标人在其他项目清单中列出的单价计入综合单价，专业工程暂估价应按招标人在其他项目清单中列出的金额填写。

③ 计日工按招标人在其他项目清单中列出的项目和数额，自主确定综合单价并计算计日工费用。

④ 总承包服务费根据招标文件中列出的内容和提出的要求自主确定。

（4）规费和税金的计算。

规费和税金应按国家和省级、国务院部委有关建设主管部门的规定计取。

（5）其他有关表格的填写。

应该按照工程量清单的有关要求，认真填写如"分部分项工程量清单综合单价分析表"、"措施项目费分析表"和"主要材料价格表"等其他要求承包商投标时提交的有关表格。

（6）注意事项。

① 工程量清单与计价表中的每一个项目均应填入综合单价和合价，且只允许有一个报价。已标价的工程量清单中投标人没有填入综合单价和合价，其费用视为已包含（分摊）在已标价的其他工程量清单项目的单价和合价中。

② 投标总价应当与分部分项工程费、措施项目费、其他项目费和规费、税金的合计金额一致。

③ 材料费单价应该是全单价，包括：材料原价、材料运杂费、运输损耗费、加工及安装损耗费、采购保管费、一般的检验试验费及一定范围内的材料风险费用等。但其不包括新结构、新材料的试验费和业主对具有出厂合格证明的材料进行检验，对构件做破坏性试验及其他特殊要求检验试验的费用。特别强调的是，原来定额计价法中加工及安装损耗费是在材料的消耗量中反映的，工程量清单计价中加工及安装损耗费是在材料的单价中反映的。

6.2.3 发包承包价格

建设工程施工发包与承包价格是建设工程施工活动中非常活跃的内容和社会十分关注的问题。确定承发包价格也是建设工程施工招标活动和签订施工承发包合同的主要内容之一。

1. 关于承发包价格的构成及计价依据

《中华人民共和国建筑法》第十八条指出："建筑工程造价应当按照国家有关规定，由发包单位与承包单位在合同中约定。公开招标发包的，其造价的约定须遵守招标法律、法规的有关规定。"建设部根据《建筑法》等有关法律、法规制定了《建设工程施工发包与承包价格管理暂行规定》，该规定第五条明确了我国建设工程施工发包与承包价格（工程价格）的构成，即，工程价格由成本（直接成本、间接成本）、利润（酬金）和税金构成，工程价格包括合同价款、追加合同价款和其他款项。

《中华人民共和国招标投标法》第33条规定"投标人不得以低于成本的价格竞标"，因此，承发包价格的最低值是利润为"零"时的成本价，即，成本价=直接成本+间接成本+税金。由此，我们可以得出以下几点结论：

（1）招投标时的竞标价格应是工程成本价格与含有一定利润的工程价格的区间内的一个竞标价格。

（2）中标价格是工程施工前的一个预期价格，而一完整的工程价格是包括合同价款（中标价格）、追加合同价款及其他款项的。

（3）按计价依据确定的工程价格是一个反映社会平均水平（含利润）的价格。

2. 合理确定发包与承包价格

工程造价从签订合同价格开始，在整个工程施工过程中，经过工程变更增减工程价款及通过索赔等增减工程价款后，最终形成工程价格。影响工程价格有两大因素：一是投标者的竞争能力，二是工程自身的特定情况及外加的条件。

第一种因素是由承包单位的综合实力、经营策略等决定的，受市场供求关系的影响，在这方面我们要考虑的是阻止"低价倾销"的现象，控制低于成本的报价。第二种影响工程造价的因素是工程本身的规模、建设的标准、建设工期、质量要求等。工程规模与建设标准等决定的价格是相对稳定的，而建设工期的长短、质量要求的高低也将影响到工程价格。若工期要求提前，就要采取技术措施，增加投入，从而使造价上升；若质量要求提高，也要采取提高质量的技术措施，使投入增加进而导致造价提高。众所周知，工期、质量、价格是相互影响的，缩短工期会导致质量的下降或价格的提高，从提高工程建设投资效果的目的出发，发包方也往往把工程质量放在比较重要的角度去考虑。另外，造价的降低也会影响到施工的工期及工程的质量。现行的评标办法中，评标分值的权重是固定不变的，由于建设工程项目的用途及作用各有不同，发包方会产生对评标分值权重的不同考虑。因此，评标分值的权重应随工程变化而制定，或由发包方自行决定，从而确定工程的承发包价。

【例 1】招标工作主要内容确定为：（1）成立招标工作小组；（2）发布招标公告；（3）编制招标文件；（4）编制标底；（5）发放招标文件；（6）组织现场踏勘和招标答疑；（7）投标单位资格审查；（8）接受投标文件；（9）开标；（10）确定中标单位；（11）评标；（12）签订承发包合同；（13）发出中标通知书。

问题：上述招标工作内容顺序作为招标工作先后顺序是否妥当？如果不妥，请确定合理的顺序。

【解析】（1）→（3）→（4）→（2）→（7）→（5）→（6）→（8）→（9）→（11）→（10）→（13）→（12）

（1）成立招标工作小组；（2）编制招标文件；（3）编制标底；（4）发布招标公告；（5）招标单位资格审查；（6）发放招标文件；（7）组织现场踏勘和招标答疑；（8）接受投标文件；（9）开标；（10）评标；（11）确定中标单位；（12）发出中标通知书；（13）签订承发包合同。

【例 2】某重点工程项目计划于 2015 年 12 月 28 日开工，由于工程复杂，技术难度高，一般施工队伍难以胜任，业主自行决定采取邀请招标方式。于 2015 年 9 月 8 日向通过资格预审的 A、B、C、D、E 五家施工承包企业发出了投标邀请书。该五家企业均接受了邀请，并于规定时间 9 月 20～22 日购买了招标文件。招标文件中规定，10 月 18 日 16 时是招标文件规定的投标截止时间，11 月 10 日发出中标通知书。

在投标截止时间之前，A、B、D、E 四家企业提交了投标文件，但 C 企业于 10 月 18 日下午 17 时才送达，原因是中途堵车。10 月 21 日下午由当地招投标监督管理办公室主持进行了公开开标。

评标委员会成员共由 7 人组成，其中当地招投标监督管理办公室 1 人，公证处 1 人，招标人 1 人，技术经济方面专家 4 人。评标时发现 E 企业投标文件虽无法定代表人签字和委托人授权书，但投标文件均已有项目经理签字并加盖了公章。评标委员会于 10 月 28 日提出了评标报告。A 企业综合得分第一。11 月 10 日招标人向 A 企业发出了中标通知书，并于 12 月 12 日签订了书面合同。

问题：

（1）企业自行决定采取邀请招标方式的做法是否妥当？说明理由。

（2）C 企业和 E 企业投标文件是否有效？分别说明理由。

（3）请指出开标工作的不妥之处，说明理由。

（4）请指出评标委员会成员组成的不妥之处，说明理由。

（5）合同签订的日期是否违规？说明理由。

【解析】（1）不妥当，邀请招标适用于技术复杂、有特殊要求或受自然环境限制，只有少数潜在投标人可供选择时；采用公开招标方式的费用占项目合同金额比例过大的经行政主管部批准后才能进行邀请招标。

（2）均无效，C 企业未在投标文件递交截止时间前递交投标文件，属于拒绝接收的投标文件；E 企业无法人或授权委托人签字，属于否决投标的第一种情况，因此无效。

（3）开标时间必须和投标文件递交截止时间一致。

（4）评标委员会组成不妥，评标委员会成员中不能有监督机构人员以及公证处人员，同时，技术经济反面专家未达到评标委员会三分之二。

（5）合同应该在中标通知书发出 30 日内签订，因此合同签订时间违规。

【例 3】某建设项目概算已批准，项目已列入地方年度固定资产投资计划，并得到规划部门批准，根据有关规定采用公开招标确定招标程序如下，如有不妥，请改正。

（1）向建设部门提出招标申请。

（2）得到批准后，编制招标文件，招标文件中规定外地区单位参加投标需垫付工程款，垫付比例可作为评标条件。本地区单位不需要垫付工程款。

（3）对申请投标单位发出招标邀请函（4 家）。

（4）投标文件递交。

（5）由地方建设管理部门指定有经验的专家与本单位人员共同组成评标委员会。为得到有关领导支持，各级领导占评标委员会的 1/2。

（6）召开投标预备会并由地方政府领导主持会议。

（7）投标单位报送投标文件时，A 单位在投标截止时间之前 3 小时，在原报方案的基础上，又补充了降价方案，被招标方拒绝。

（8）由政府建设主管部门主持，公证处人员派人监督，召开开标会，会议上只宣读三家投标单位的报价（另一家投标单位退标）。

（9）由于未进行资格预审，故在评标过程中进行资格审查。

（10）评标后评标委员会将中标结果直接通知了中标单位。

（11）中标单位提出因主管领导生病等原因，在 2 个月后再进行签订承包合同。

【解析】

（1）第 2 条不公正。

（2）第 5 条评标专家从专家库中抽取，技术与经济专家和占总人数的 2/3。

（3）第 6 条召开投标预备应由招标单位代表主持。

（4）第 7 条不应拒绝。

（5）第 8 条应宣读退标单位名称。

（6）第 10 条评标委员会将中标结果报请建设主管部门批准后，才能将中标结果通知中标单位。

（7）第 11 条中标单位接到中标通知后应在 30 天内与招标单位签订承包合同，不能以不正当理由推迟签约时间。

7　建设项目施工阶段与工程造价

7.1　施工组织设计与施工预算

建筑施工组织是研究工程建设统筹安排与系统管理规律的一门学科，研究如何计划、组织一项建筑施工的整个过程，寻求最为合理的组织方法。具体来说，施工组织的任务是实现基本建设计划和设计要求，提供各阶段的施工准备工作内容，对于人力、资金、材料、机械和施工方法等进行科学安排，协调施工中各单位、各工种之间，资源和时间之间，各项资源之间的合理关系。在整个施工过程中，按照经济规律、技术规律的客观要求，做出科学合理的安排，使得整个施工过程取得最优效果。

施工组织管理的对象千差万别，施工过程中内部工作与外部联系错综复杂，没有一种固定不变的组织管理方法可以运用于一切工程。因此，在不同的条件下，针对不同的施工对象，需要灵活采用不同的管理方法。

7.1.1　施工组织设计与工程施工成本的关系

目前，工程建设项目的价格和投标中工程量清单的确定都是根据施工图预算进行编制，施工承包合同价款的确定，工程结算价和工程决算价的确定等过程。因此，公路工程基本建设程序要求在设计、招投标和施工阶段都要有施工组织设计。施工组织设计是影响工程造价的主要因素，因此，工程施工成本的管理，必须把施工组织设计作为重要环节抓好，在这方面应处理好以下两个方面的关系。

1. 施工组织设计与预算定额的关系

公路工程预算定额是反映公路工程实际施工过程每一分部分项工程每一结构构件的劳动力、材料、机械台班的消耗标准。它是确定和控制公路建筑安装工程造价的基础，是对设计方案进行技术经济比较、技术经济分析的依据，是施工单位进行经济活动分析的依据，是编制标底、投标报价的基础，是编制概算定额和概算指标的基础，也是施工图预算、工程承包合同、工程预算和工程决算价格计算的重要依据。而预算定额是在正常的施工条件下，以目前多数施工企业机械装备程度、合理的施工工期、施工工艺、劳动力组织为基础编制的每一分部分项工程的消耗量。施工组织设计在工程预（决）算中具有合法性与指导性。

2. 施工方案与工程施工成本的关系

工程建设项目的施工组织设计与其工程施工成本有着密切的关系。施工组织设计基本的内容：工程概况和施工部署、施工方案、施工进度计划、施工总平面图、主要技术经济指标。其中，根据工程情况，结合人力、材料、施工机械、资金施工方法等条件，全面部署施工任务，合理安排施工顺序，确定主要的施工方案、施工工艺更为重要，均直接影响着工程预算价格的变化。在保证工程质量和满足业主使用要求及工期要求的前提下，优化施工方案及施工工艺是控制投资和降低工程施工成本的重要措施和手段。

7.1.2 强化施工组织设计以有效地控制工程施工成本

在公路工程中，施工组织设计是控制工程造价的重要环节，因此应该重视施工组织设计的编制、审查工作。

1. 编制施工组织设计与预算定额相结合

预算定额具有"整体上的通用性和个体上的不相融性"的特性。在编制施工组织设计前，应该熟悉和掌握预算定额，并且要合理地应用预算定额。其具体的做法：

（1）熟悉预算定额采用的施工方法、施工工艺以及预算定额分部分项的工程说明，通常明确规定了采用的分部分项工程，对于那些施工方法、施工工艺中提到"……应当根据施工组织设计规定计算的内容计算"的，应当注意其中施工方法、施工工艺和施工现场条件内容的设计。

（2）熟悉预算定额规定的工程量计算规则。预算定额每一分部分项工程通常明确规定了工程量计算规则，而有些分部、分项工程的工程量计算和施工方法有着直接的关系。因此，施工组织设计中对分部分项工程的施工方法，施工工艺和相关的工程内容应有明确的规定，便于直接套用定额或换算后再套用定额。

（3）掌握预算定额中有条件限制执行的定额项目。如材料的二次搬运费在"其他直接费"中已做了综合考虑，一般情况不允许列材料的二次搬运费；预制构件运输定额一般要求从堆放地点至安装地点一步到位，也不允许再列材料二次搬运。但是如果确因施工场地过于狭窄，地形受限制时必须发生二次搬运的，应在施工组织设计中给予说明，并且要得到业主或业主委托的监理工程师批准认可后才可以计算二次搬运费。

（4）重视特殊工程的施工机械设备的配备。对于特殊形体的工程，其机械设备的配备超出定额规定的范围时，应该认真编写施工组织设计，报业主批准或业主委托的监理工程师批准后方可将其计算到预算或合同价款中。对于那些结构形体并不特殊，但由于地形、地质水文条件等特殊情况，超过了定额规定的机械类型和功能时，也应认真编写施工组织设计，报业主批准或业主委托的监理工程师批准确认，再进行计算。

2. 施工图预算的编制与施工组织设计编制应同步

施工图预算是指按照特定的施工方案和施工方法完成项目的施工所需的材料、人工、施工机械台班等预算价格编制和确定。而施工组织设计主要是为完成该项目施工而确定的施工方案、施工方法及施工工艺。一旦某个施工方法有变更，则施工图预算相应部分的价格也应随之而调整。如施工组织设计中考虑了整体安全防护，施工图预算中也应列出相应的安全防护的工程量和单价。总之，施工方案的变动将会影响到施工图预算中工程量和单价的变化，因此，施工图预算的编制与施工组织设计编制应同步进行，它们之间有着密不可分的关系，一个的变动将牵动着另一个的变动，所以它们要同步进行以便于控制工程施工成本。一般来说，通过施工组织设计可以看到一个项目施工全过程的安排。因此，每一个施工单位都必须重视施工组织设计的编制工作，每一项目的业主也应重视施工组织设计的评审和监督。作为一个施工单位，在项目投标，竞标中能否引起发包方的重视，除了自身的资质等级，实力、信誉等外，其主要取决于其报价是否合理，而恰如其分的报价又和施工组织设计的优劣密切相关。施工单位应根据拟建工程的现场条件、工程概况，进行周密的部署，认真研究各项技术指标、经济指标及有关组织措施、安全措施，确定合理的施工方案，使施工方案具有先进性、合理性、竞争性、适用性和可操作性。既要考虑到业主方面的经济利益，同时也要考虑到施工企业方面的工程施工成本，真正地使项目在施工过程中达到高质量、低消耗的目的。

3. 强化业主的工程施工成本控制意识

作为一个项目的业主，应该坚决杜绝无施工组织设计的工程开工。其次，在一个项目开工前，必须要认真地审查施工单位的施工组织设计，应注意其对工程施工成本的影响，避免引起工程结算时的纠纷。最后，在项目的施工中，还要对施工组织设计进行监督和控制，确保项目的施工有序，防止施工组织设计流于形式。确保施工组织设计真正达到控制和降低工程施工成本的目的。

4. 强化学习提高施工组织设计人员的素质

施工组织设计是指导施工的一项技术经济性文件，所以编写施工组织设计的人员必须是具有施工经验而且还要具有一定工程造价控制方面的专业知识技术人员。因此，我们在编制过程中，应考虑到是否符合标准、规范、工艺的要求，及能否满足使用要求，还要分析施工的可行性和经济合理性，以保证各项安排准确得体，避免结算超过总投资，使得施工过程中工程造价趋于合理。

工程施工成本控制是项目全过程的控制，为了从根本控制工程施工成本，取得良好的经济效益，应抓好工程施工成本，以取得事半功倍的效果。

7.2 施工阶段三要素

7.2.1 质量和成本之间的关系

质量要求越高成本也越高，在实际的工程中，建设者并不是无限地要求质量，而是有个范围（质量统一验收标准或地优、省优、国优、鲁班奖），在这个范围内，质量（Q）和成本（C）之间的关系基本成正比，即我们在项目管理中经常地在努力实现的QC关系（怎样有效地改善施工工艺技能提高工程质量而同时降低成本）。业主在规范和合同范围内对工程质量的要求基本上在合格和优质之间即QA和QB之间，而不是在无限扩散的范围。

7.2.2 进度和质量的关系

质量和进度之间的关系基本也成正比关系(见图7-1)，即质量要求高则相应的工期就要长，同时如果工期过长，那么设备、租赁材料、人员等耗时增长则成本就相对增加。所以在工期后门关死的范围内，质量基本处于QA和QB之间。但如果工程由于某些原因被返工，往往对工程质量要求会放松些，因此工期会稍微宽裕。

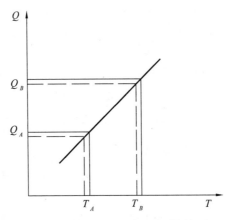

图 7-1　质量和进度之间的关系

　　在实际的工程中，很多工程为了最快地投入使用，尽早地产生经济效益或政治效益，业主或管理者会将进度列入主线，一味地追求速度，要求某年某月某日前交付使用，而因此诱发的一味"大好快上"的形势势必过多地忽略了工程质量，同理，监理或监督单位的"严把质量关"必然是影响工期的，也会造成某些领导政绩或"形象"下滑，往往管理者不愿去碰这个"钉子"，这就会产生一种现象即"质量给进度让路"。怎样有效地控制好质量同时加快施工进度成了管理者日益关注的问题。于是怎样在施工工艺与新科技新工艺的应用上下功夫，抓质量保进度、树形象同时规避风险成了管理者工作中最多探讨的问题，在这样的形势中集成管理显现得尤为突出。

7.2.3　进度和成本之间的关系

　　工期过短或过长都会形成成本的大幅度增加，在单位工程量不变的情况下要加快进度只有增加投入的人、机械、设备等，那么单位工程量的人工、机械费用相对上升，成本大幅度上升；同理，进度慢会使固定机械、材料租赁增长，人工使用周期增长，固定成本增加，施工成本增加，即进度和施工成本之间形成凹形的关系（如图7-2所示）。从图7-3中可以看出，

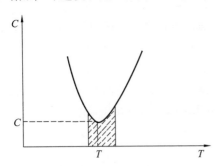

图 7-2　成本和进度之间的关系

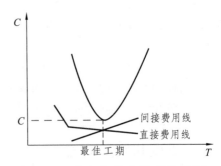

图 7-3　成本和进度关系曲线图

工期缩短而施工成本增加；工期延长，工程施工的固定费用会增加，也会导致施工成本增加。合理工期可以保证施工成本有效的控制，图7-2中阴影部分即为合理工期区域，其中 T 为工程施工成本最低时所对应的最佳工期。

在目前建筑业日益激烈的竞争环境下，建筑企业施工现场的项目管理者往往比较注重施工项目的工期、进度，按时乃至提前完工是工程投标时业主衡量的一个关键因素。根据以往施工经验，一些政府投资项目，业主会随心所欲压缩工期，而项目施工管理者为了市场需要，往往会迎合这种需要，从而忽略了在非正常合理的工期背后往往是工程成本的大幅度增加。在工程项目的实施过程中，项目成本和工期是一一对应的、紧密相关的要素；因为工期的提前或拖后会给项目带来完全不同的后果。对于项目管理而言，不考虑工期对成本影响的项目管理方法和不计成本代价的工期管理方法都是不科学的，因此应该开展项目工期与成本的综合管理运用。这要求在制定和执行项目工期计划时不能单一地考虑项目的工期和进度，必须同时考虑项目的成本因素。

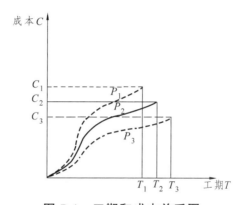

图 7-4　工期和成本关系图

图7-4中的3条"S"曲线分别表示3种不同方案的项目工期和成本指标的情况。其中，P1方案的工期短（$T1$），但是成本高（$C1$），P3方案的工期长（$T3$），但是成本低（$C3$），而P2方案的工期与成本则是介于P1和P3两个方案之间。我们在衡量一个工程项目的工期与成本的关系时，必须根据项目的实际情况做出选择。如何处理好工期与成本的关系，这是施工项目成本管理工作中的一个重要课题，即如何从工期成本控制上要效益，对施工企业和施工项目经理部来说，工期成本的管理与控制，需要通过对工期的合理调整来寻求最佳工期点成本，把工期成本控制在最低点，并不是通常以为的越短越好。国内的市场竞争中，施工企业一般会根据业主的工期需求来制定自己的工期目标，而针对此目标产生的工程成本增加往往会被忽视，在进行施工索赔时也不容易成功，这就要求我们必须从整体利益出发，在工程成本与工期的平衡中寻找总价值最高的工期成本方案。

7.2.4　工程质量、工程成本、工程进度三者的关系

首先它们之间有矛盾和对立的一面。通常情况下，如果业主对工程质量有较高要求，那么就得投入较多的资金和用较长的建设时间，即要强调质量目标，就不得不需要降低投资目标和进度目标；如果抢时间、争速度地完成工程项目，那么投资就得相应提高，或把质量要

求适当降低，即强调进度目标，就需要把投资目标要求或质量目标要求降低；如果要减少成本、节约费用，那么项目的功能要求和质量标准均有降低，即强调投资目标，势必影响进度目标和质量目标。其次是统一方面，如果适当增加投资，为加快进度提供必要的经济条件，就可以加快项目建设速度，缩短工期，从而可使项目提前竣工，投资也就可尽早收回，工程项目经济效益就得到了提高，也就是进度目标在一定条件下能促进投资的回收；如果适当提高工程项目功能要求和质量标准，虽然会造成一次性投资增加和工期的延长，但能够节约项目投产后的经营费和维修费，降低产品成本，从而获得更好的投资经济效益；如果工程项目进度计划制定得既可行又优化，使工程进展具有连续性、均衡性，则不但可以使工期得以缩短，而且有可能获得较好质量和较低的费用。所以，他们三者之间关系是辨证的，既对立又统一。

7.3　工程项目变更与索赔

7.3.1　工程变更概述

1．工程变更的分类

由于工程建设的周期长、涉及的经济关系和法律关系复杂，受自然条件和客观因素的影响大，导致项目的实际情况与项目招标投标时的情况相比会发生一些变化。因此，工程的实际施工情况与招标投标时的工程情况相比往往会有一些变化，工程变更包括工程量变更、工程项目的变更（如发包人提出增加或者删减原项目内容）、进度计划的变更、施工条件的变更等。如果按照变更的起因划分，变更的种类有很多，如发包人的变更指令（包括发包人对工程有了新的要求等）；由于设计错误，必须对设计图纸作修改；工程环境变化；由于产生了新的技术和知识而必需改变原设计、实施方案或实施计划；法律法规或者政府对建设项目有了新的要求等。当然，这样的分类并不是十分严格的，变更原因也不是相互排斥的。因为我国要求严格按图设计，如果变更影响了原来的设计，则首先应当变更原设计，因此这些变更最终往往表现为设计变更。考虑到设计变更在工程变更中的重要性，往往将工程变更分为设计变更和其他变更两大类。

1）设计变更

在施工过程中如果发生设计变更，将对施工进度产生很大的影响。因此，应尽量减少设计变更，如果必须对设计进行变更，必须严格按照国家的规定和合同约定的程序进行。由于发包人对原设计进行变更，并经工程师同意的，承包人进行的设计变更导致合同价款的增加而造成承包人的损失由发包人承担，延误的工期相应顺延。

2）其他变更

合同履行中发包人要求变更工程质量标准及发生其他实质性变更，由双方协商解决。

2．工程变更的处理要求

（1）如果出现了必须变更的情况，应当尽快变更。如果变更不可避免，不论是停止施工等待变更指令还是继续施工，无疑都会增加损失。

（2）工程变更后，应当尽快落实变更。工程变更指令发出后，应当迅速落实指令，全面修改相关的各种文件。承包人也应当抓紧落实，如果承包人不能全面落实变更指令，则扩大的损失应当由承包人承担。

（3）对工程变更的影响应当做进一步分析。工程变更的影响往往是多方面的，影响持续的时间也往往较长，因而对此应当有充分的分析。

7.3.2　工程变更的处理程序

1. 设计变更的处理程序

从合同的角度看，不论什么原因导致的设计变更，必须首先由一方提出，因此设计变更可以分为发包人原因对原设计进行变更和承包人原因对原设计进行变更两种情况。

1）发包人原因对原设计进行变更

施工中发包人如果需要对原工程设计进行变更，应不迟于变更前14天以书面形式向承包人发出变更通知。承包人对于发包人的变更通知没有拒绝的权利，这是合同赋予发包人的一项权利。因为发包人是工程的出资人、所有人和管理者，对将来工程的运行承担主要的责任，只有赋予发包人这样的权利才能减少更大的损失。如变更超过原设计标准或者批准的建设规模时，须经原规划管理部门和其他有关部门审查批准，并由原设计单位提供变更的相应图纸和说明。

2）承包人原因对原设计进行变更

承包人应严格按照图纸施工，不得随意变更设计。施工中承包人提出的合理化建议涉及对设计图纸或者施工组织设计的更改及对原材料、设备的更换须经工程师同意。工程师同意变更后，并由原设计单位提供变更的相应图纸和说明，变更超过原设计标准或者批准的建设规模时，还须经原规划管理部门和其他有关部门审查批准。承包人未经工程师同意擅自更改或换用时，由承包人承担由此发生的费用并赔偿发包人的有关损失，延误的工期不予顺延。

3）构成设计变更的事项

（1）更改有关部分的标高、基线、位置和尺寸。

（2）增减合同中约定的工程量。

（3）改变有关工程的施工时间和顺序。

（4）其他有关工程变更需要的附加工作。

2. 其他变更的处理程序

从合同角度看，除设计变更外，其他能够导致合同内容变更的都属于其他变更。如双方对工程质量要求的变化（当然是涉及强制性标准变化）、双方对工期要求的变化、施工条件和环境的变化导致施工机械和材料的变化等。这些变更的程序是首先应当由一方提出，与对方协商一致签署补充协议后方可进行变更，其处理程序与设计变更的处理程序相同。

7.3.3　工程变更价款的确定

1．工程变更价款的确定程序

设计变更发生后，承包人在工程设计变更确定后 14 天内提出变更工程价款的报告，经工程师确认后调整合同价款。工程设计变更确认后 14 天内，如承包人未提出适当的变更价格，则发包人可根据所掌握的资料决定是否调整合同价款和调整的具体金额。重大工程变更涉及工程价款变更报告和确认的时限由发承包双方协商，自变更工程价款报告送达之日起 14 天内，对方未确定也未提出协商意见时，视该变更工程价款报告已被确认。

2．工程变更价款的确定方法

在工程变更确定后 14 天内，设计变更涉及工程价款调整的，由承包人向发包人提出，经工程师审核和发包人同意后调整合同价款。工程变更价款的确定按照下列方法进行。
（1）合同中已有适用于变更工程的价格，按合同已有的价格执行。
（2）合同中只有类似于变更工程的价格，可以参照类似价格执行。
（3）合同中没有适用或类似于变更工程的价格，由承包人提出，发包人确认后执行。
如双方不能达成一致的，双方可提请工程所在地工程造价管理机构进行咨询或按合同约定的争议或纠纷解决程序办理。因此，在变更后合同价款的确定上，首先应当考虑使用合同中已有的、能够适用或者能够参照使用的，其原因在于合同中已经订立的价格（一般是通过招标投标）是较为公平合理的、双方均能接受的价格，因此应当尽量采用。确认增（减）的工程变更价款作为追加（减）合同价款与工程进度款同期支付。

7.3.4　工程索赔的概念和分类

1．工程索赔的概念

工程索赔是在工程承包合同履行中，当事人一方由于另一方未履行合同所规定的义务或者出现了应当由对方承担的风险而遭受损失时，向另一方提出赔偿要求的行为。在实际工作中，"索赔"是双向的，我国《建设工程施工合同（示范文本）》中的索赔就是双向的，既包括承包人向发包人的索赔，也包括发包人向承包人的索赔。但在工程实践中，发包人索赔数量较小，而且处理方便，可以通过冲账、扣拨工程款、扣保证金等实现对承包人的索赔；而承包人对发包人的索赔比较困难一些。通常情况下，索赔是指承包人（施工单位）在合同实施过程中，对非自身原因造成的工程延期、费用增加而要求发包人给予补偿损失的一种权利要求。
索赔有较广泛的含义，可以概括为以下 3 个方面。
（1）一方违约使另一方蒙受损失，受损方向对方提出赔偿损失的要求。
（2）发生应由业主承担责任的特殊风险或遇到不利自然条件等情况，使承包商蒙受较大损失而向业主提出补偿损失要求。
（3）承包商本人应获得正当利益，由于没能及时得到监理工程师的确认和业主应给予的支付而以正式函件向业主索赔。

2. 工程索赔产生的原因

1) 当事人违约

当事人违约常常表现为没有按照合同约定履行自己的义务。发包人违约常常表现为没有为承包人提供合同约定的施工条件，未按照合同约定的期限和数额付款等。工程师未能按照合同约定完成工作，如未能及时发出图纸、指令等也视为发包人违约。承包人违约的情况则主要是没有按照合同约定的质量、期限完成施工或者由于不当行为给发包人造成其他损失。

【例1】某工程项目，合同规定发包人为承包人提供三级路面标准的现场公路。由于发包人选定的工程局在修路中存在问题，现场交通道路在相当长一段时间内未达到合同标准。承包人的车辆只能在路面块石垫层上行驶，造成轮胎严重超常磨损，承包人提出索赔。你认为合理吗？

【解析】合理。这是因发包人违约而导致的轮胎严重超常磨损。工程师批准了对208条轮胎及其他零配件的费用补偿共计1 900元。

2) 不可抗力

不可抗力又可以分为自然事件和社会事件。自然事件主要是不利的自然条件和客观障碍，这是一个任何有经验的承包商也无法预测的不利自然条件和客观障碍，包括在施工过程中遇到了经现场调查无法发现、业主提供的资料中也未提到的、无法预料的情况等，如地下水、地质断层等。社会事件则包括国家政策、法律、法令的变更，战争，罢工等。

【例2】某承包商投标获得一项铺设管道工程，根据标书中介绍的情况算标。工程开工后，当挖掘深7.5 m的坑时，遇到了严重的地下渗水，不得不安装抽水系统，并开动了长达35天之久。承包商认为这是业主提供的地质资料不实造成的，对不可预见的额外成本要求索赔。你认为合理吗？

【解析】不合理。造价管理者认为地质资料是真实的，钻探是在5月中旬进行，这意味着是旱季季尾，而承包商的挖掘工程是在雨季中期进行，承包商应预先考虑到会有一较高的水位，这种风险是一个有经验的承包商能合理预见的。根据承包商投标时也已承认考察过现场并了解现场情况，包括地表、地下条件和水文条件等，则安装抽水机是承包商自己的事，应拒绝补偿任何费用。

3) 合同缺陷

合同缺陷表现为合同条件规定不严谨甚至矛盾，合同中出现遗漏或错误。在这种情况下，工程师应当给予解释，如果这种解释将导致成本增加或工期延长，发包人应当给予补偿。

4) 合同变更

合同变更表现为设计变更、施工方法变更、追加或者取消某些工作、合同规定的其他变更等。

5) 工程师指令

工程师指令有时也会产生索赔，如工程师指令承包人加速施工、进行某项工作、更换某些材料、采取某些措施等。

6) 其他第三方原因

其他第三方原因常常表现为与工程有关的第三方的问题而引起的对工程的不利影响。

3. 工程索赔的分类

1）索赔的合同依据分类

按索赔的合同依据可以将索赔分为合同中明示的索赔和合同中默示的索赔。

（1）合同中明示的索赔。合同中明示的索赔是指承包人所提供的索赔要求，在该工程项目的合同中有文字依据，承包人可以据此提出索赔要求，并取得经济补偿。这些在合同文件中有文字规定的合同条款，称为明示的索赔。

（2）合同中默示的索赔。合同中默示的索赔，即承包人的该项索赔要求，虽然在工程项目的合同条款中没有专门的文字叙述，但可以根据该合同的某些条款的含义，推论出承包人有索赔权。这种索赔要求，同样有法律效力，有权得到相应的经济补偿。这种有经济补偿含义的条款，在合同管理工作中被称为"默示索赔"或称为"隐含条款"。默示索赔是一个广泛的合同概念，它包含合同明示条款中没有写入、但符合双方签订合同时设想的愿望和当时环境条件的一切条款。这些默示索赔，或者从明示条款所表述的设想愿望中引申出来；或者从合同双方在法律上的合同关系引申出来；经双方协商一致；或被法律和法规所指明，都成为合同条件的有效条款，要求合同双方遵照执行。

2）按索赔目的分类

按索赔目的可以将工程索赔分为工期索赔和费用索赔。

（1）工期索赔。由于非承包人责任的原因而导致施工进程延误，要求批准顺延合同工期的索赔，称为工期索赔。工期索赔形式上是对权利的要求，以避免在原定合同竣工日不能完工时，被发包人追究违约责任。一旦获得批准合同工期顺延后，承包人不仅免除了承担拖期违约赔偿费的严重风险，而且可能提前工期得到奖励，最终仍反映在经济收益上。

（2）费用索赔。费用索赔的目的是要求经济补偿。当施工的客观条件改变导致承包人增加开支，要求对超出计划成本的附加开支给予补偿，以挽回不应由其承担的经济损失。

3）按索赔事件的性质分类

按索赔事件的性质可以将工程索赔分为工程延误索赔、工程变更索赔、合同被迫终止索赔、工程加速索赔、意外风险和不可预见因素索赔和其他索赔。

（1）工程延误索赔。因发包人未按合同要求提供施工条件，如未及时交付设计图纸、施工现场、道路等，或因发包人指令工程暂停或不可抗力事件等原因造成工期拖延的，承包人对此提出索赔。这是工程中常见的一类索赔。

（2）工程变更索赔。由于发包人或监理工程师指令增加或减少工程量或增加附加工程、修改设计、变更工程顺序等，造成工期延长和费用增加，承包人对此提出索赔。

（3）合同被迫终止的索赔。由于发包人或承包人违约以及不可抗力事件等原因造成合同非正常终止，无责任的受害方因其蒙受经济损失而向对方提出索赔。

（4）工程加速索赔。一项工程可能遇到各种意外的情况或由于工程变更而必须延长工期。但由于业主的原因（该工程已经出售给买主，需按议定时间移交给买主）坚持不给延期而迫使承包商加班赶工来完成工程。因而由发包人或工程师指令承包人加快施工速度、缩短工期所引起承包人在人、财、物上的额外开支而提出索赔。

（5）意外风险和不可预见因素索赔。在工程实施过程中，因人力不可抗拒的自然灾害、特殊风险以及一个有经验的承包人通常不能合理预见的不利施工条件或外界障碍，如地下水、地质断层、溶洞、地下障碍物等引起的索赔。

（6）其他索赔。如因货币贬值、汇率变化、物价、工资上涨、政策法令变化等原因引起的索赔。

7.3.5　工程索赔的处理原则和计算

1．工程索赔的处理原则

（1）索赔必须以合同为依据。不论是风险事件的发生，还是当事人不完成合同工作，都必须在合同中找到相应的依据。当然，有些依据可能是合同中隐含的，工程师依据合同和事实对索赔进行处理是其公平性的重要体现。在不同的合同条件下，这些依据很可能是不同的，如因为不可抗力导致的索赔，在我国《建设工程施工合同（示范文本）》（以下简称《示范文本》）条件下，承包人机械设备损坏，是由承包人承担的，不能向发包人索赔；但在 FIDIC 合同条件下，不可抗力事件一般都列为业主承担的风险，损失都应当由业主承担。在具体的合同中，各个合同的协议条款不同，其依据的差别也更大。

（2）及时、合理地处理索赔。索赔事件发生后，索赔的提出应当及时，索赔的处理也应当及时。索赔处理得不及时，对双方都会产生不利的影响，如承包人的索赔长期得不到合理解决，索赔积累的结果会导致其资金困难，同时会影响工程进度，给双方都带来不利的影响。处理索赔还必须坚持合理性原则，既考虑到国家的有关规定，也应当考虑到工程的实际情况，如承包人提出索赔要求，机械停工按照机械台班单价计算损失显然是不合理的，因为机械停工不发生运行费用。

（3）加强主动控制，减少工程索赔。对于工程索赔应当加强主动控制，尽量减少索赔。这就要求在工程管理过程中，应当尽量将工作做在前面，减少索赔事件的发生。这样能够使工程更顺利地进行，降低工程投资、减少施工工期。

2．索赔程序

关于索赔的规定，《示范文本》与 FIDIC 合同条件最主要的区别体现在程序上。

1）《示范文本》规定的工程索赔程序

当合同当事人一方向另一方提出索赔时，要有正当的索赔理由，且有索赔事件发生时的有效证据。发包人未能按合同约定履行自己的各项义务或发生错误以及第三方原因给承包人造成延期支付合同价款、延误工期（包括不可抗力延误的工期）或其他经济损失的，均属索赔理由，相关规定如下。

（1）承包人提出索赔申请。索赔事件发生 28 天内，承包人向工程师发出索赔意向通知。合同实施过程中，凡不属于承包人责任导致项目延期和成本增加事件发生后的 28 天内，必须以正式函件通知工程师声明对此事项要求索赔，同时仍须遵照工程师的指令继续施工。逾期申报时，工程师有权拒绝承包人的索赔要求。

（2）承包人发出索赔意向通知后 28 天内，向工程师提供补偿经济损失和（或）延长工期的索赔报告及有关资料。正式提出索赔申请后，承包人应抓紧准备索赔的证据资料，包括事件的原因、对其权益影响的证据资料、索赔的依据以及其计算出的该事件影响所要求的索赔额和申请展延工期天数，并在索赔申请发出的 28 天内报出，逾期的视同该索赔事件未引起工程款额的变化和工期的延误。

（3）工程师审核承包人的索赔申请。工程师在收到补充索赔理由和证据后于 28 天内给予答复。接到承包人的索赔信件后，工程师应该立即研究承包人的索赔资料，在不确认责任属谁的情况下，依据自己同期记录的资料客观地分析事故发生的原因，根据有关合同条款研究承包人提出的索赔证据，必要时还可以要求承包人进一步提交补充资料，包括更详细的索赔说明材料或索赔计算的依据。工程师在 28 天内未予答复或未对承包人作进一步要求的，则视为该项索赔已经被认可。

（4）当该索赔事件持续进行时，承包人应当阶段性向工程师发出索赔意向；在索赔事件终了后 28 天内，向工程师提供索赔的有关资料和最终索赔报告。

（5）工程师与承包人谈判，双方各自依据对这一事件的处理方案进行友好协商，若能通过谈判达成一致意见，则该事件较容易解决。如果双方对该事件的责任、索赔款额或工期展延天数分歧较大，通过谈判达不成共识的话，按照条款规定工程师有权确定一个他认为合理的单价或价格作为最终的处理意见报送业主并通知承包人。

（6）发包人审批工程师的索赔处理证明。发包人首先根据事件发生的原因、责任范围、合同条款审核承包人的索赔申请和工程师的处理报告，在根据项目的目的、投资控制、竣工验收要求，以及针对承包人在实施合同过程中的缺陷或不符合合同要求的地方提出反索赔方面的考虑，决定是否批准工程师的索赔处理证明。

（7）承包人是否接受最终的索赔决定。承包人同意了最终的索赔决定，这一索赔事件即告结束。若承包人不接受工程师的单方面决定或业主删减的索赔或工期展延天数过大，也会导致合同纠纷。通过谈判和协调双方达成互让的解决方案是处理纠纷的理想方式，如果双方不能达成谅解就只能诉诸仲裁或诉讼。承包人未能按合同约定履行自己的各项义务和发生错误给发包人造成损失的，发包人也可按上述时限向承包人提出索赔。

3．索赔的依据

提出索赔的依据有以下几个方面。

（1）招标文件、施工合同文本及附件，其他双方签字认可的文件（如备忘录、修正案等），经认可的工程实施计划、各种工程图纸、技术规范等。这些索赔的依据可在索赔报告中直接引用。

（2）双方的往来信件及各种会谈纪要。在合同履行过程中，业主、监理工程师和承包人定期或不定期的会谈所做出的决议或决定是合同的补充，应作为合同的组成部分，但会谈机要只有经过各方签署后才可作为索赔的依据。

（3）进度计划和具体的进度以及项目现场的有关文件。进度计划和具体的进度安排是和现场有关变更索赔的重要证据。

（4）气象资料、工程检查验收报告和各种技术鉴定报告，工程中送停电、送停水、道路开通和封闭的记录和证明。

（5）国家有关法律、法令、政策文件，官方的物价指数、工资指数，各种会计核算资料，材料的采购、订货、运输、进场、使用方面的凭据。索赔要有证据，证据是索赔报告的重要组成部分，证据不足或没有证据，索赔就不可能成立。总之，施工索赔是利用经济杠杆进行项目管理的有效手段，对承包人、发包人和监理工程师来说，处理索赔问题水平的高低，反映了对项目管理水平的高低。由于索赔是合同管理的重要环节，也是计划管理的动力，更是挽回成本损失的重要手段，所以随着建筑市场的建立和发展，索赔将成为项目管理中越来越重要的问题。

4. 索赔的计算

1）可索赔的费用

费用内容一般可以包括以下几个方面。

（1）人工费。其包括增加工作内容的人工费、停工损失费和工作效率降低的损失费等累计，其中增加工作内容的人工费应按照计日工费计算，而停工损失费和工作效率降低的损失费按窝工费计算，窝工费的标准双方应在合同中约定。

（2）设备费。其可采用机械台班费、机械折旧费、设备租赁费等几种形式。当工作内容增加引起的设备费索赔时，设备费的标准按照机械台班费计算。因窝工引起的设备费索赔，当施工机械属于施工企业自有时，按照机械折旧费计算索赔费用；当施工机械是施工企业从外部租赁时，索赔费用的标准按照设备租赁费计算。

（3）材料费。其包括索赔事项材料实际用量超过计划用量而增加的材料费，客观原因材料价格大幅度上涨而增加的材料费，非承包商的原因工程延误导致的材料价格上涨和超期储存费用。材料费中应包括运输费、仓储费以及合理的损耗费用。如果由于承包商管理不善，造成材料损失，则不能列入索赔计价。

（4）保函手续费。工程延期时，保函手续费相应增加，反之，取消部分工程且发包人与承包人达成提前竣工协议时，承包人的保函金额相应扣减，则计入合同价内的保函手续费也应扣减。

（5）利息。其包括拖期付款的利息、由于工程变更和工程延期增加投资的利息、索赔款的利息、错误扣款的利息等。

（6）保险费。

（7）管理费。此项又可分为现场管理费和公司管理费两部分，由于二者的计算方法不一样，所以在审核过程中应区别对待。

① 现场管理费是指承包商完成额外的工程、索赔事项工作以及工期延长期间的现场管理费，包括管理人员工资、办公费、交通费等。但如果对部分工人窝工损失索赔时，因其他工程仍然进行，则不予考虑现场管理费索赔。

② 公司管理费主要是指工程延误期间所增加的管理费，这项索赔款的计算目前没有统一的方法。

（8）利润。一般来说，由于工程范围的变更、文件有缺陷或技术性错误、业主未能提供现场等所引起的索赔，承包商可以列入利润索赔。但对于工程暂停的索赔，由于利润通常是包括在每项实施的工程内容的价格之内的，而延误工期并未影响某些项目的实施而导致利润减少。所以，一般造价管理者很难同意在工程暂停的费用索赔中列入进利润损失。索赔利润的款额计算通常与原报价单中的利润率一致。

2）费用索赔的计算

计算方法有实际费用法、修正总费用法等。

（1）实际费用法是工程索赔计算时最常用的一种方法。该方法是按照各索赔事件所引起损失的费用项目分别分析计算索赔值，然后将各费用项目的索赔值汇总，即可得到总索赔费用值。这种方法以承包商为某项索赔工作所支付的实际开支为依据，但仅限于由于索赔事项引起的、超过原计划的费用，故也称额外成本法。在这种计算方法中，需要注意的是不要遗漏费用项目。

（2）修正总费用法。这种方法是对总费用法的改进，即在总费用计算的原则上，去掉一些不确定的可能因素，对总费用法进行相应的修改和调整，使其更加合理。

3）工期索赔中应当注意的问题

（1）划清施工进度拖延的责任。因承包人的原因造成施工进度滞后，属于不可原谅的延期；只有承包人不应承担任何责任的延误，才是可原谅的延期。有时工程延期的原因中可能包含双方责任，工程师应进行详细分析，分清责任比例，只有可原谅延期部分才能批准顺延合同工期。可原谅延期又可细分为可原谅并给予补偿费用的延期和可原谅但不给予补偿费用的延期；后者是指非承包人责任的，影响并未导致施工成本的额外支出，大多属于发包人应承担风险责任事件的影响，如异常恶劣的气候条件影响的停工等。

（2）被延误的工作应是处于施工进度计划关键线路上的施工内容。只有位于关键线路的工作内容的滞后，才会影响到竣工日期。但有时也应注意，既要看被延误的工作是否在批准进度计划的关键路线上，又要详细分析这一延误对后续工作的可能影响。若对非关键路线工作的影响时间较长，超过了该工作可用于自由支配的时间，也会导致进度计划中非关键路线转化为关键路线，其滞后将影响总工期的拖延，此时应充分考虑该工作的自由时间，给予相应的工期顺延，并要求承包人修改施工进度计划。

4）工期赔偿的计算

工期索赔的计算主要有网络图分析和比例计算法两种。

（1）网络图分析法是利用进度计划的网络图，分析其关键线路。如果延误的工作为关键工作，则总延误的时间为批准延续的工期；如果延误的工作为非关键工作，当该工作由于延误超过时差限制而成为关键工作时，可以批准延误时间与时差的差值；若该工作延误后仍为非关键工作，则不存在工期索赔问题。

（2）比例计算法。该方法主要应用于工程量有增加时工期索赔的计算，公式为

$$工期索赔值 = \frac{额外增加的工程量的价格}{原合同总价 \times 原合同总工期} \tag{7-1}$$

【例3】某承包商对一项 10 000 延长米的木窗帘盒装修工程进行承包，报价中指明，计划用工 2 498 工日，即工效为 2498 工日/10 000 m，0.249 8 工日/m。每工日工资按 40 元计，共计报价人民币 99 920 元。在装修过程中，由于业主供应木料不及时，影响了承包商的工作效率，完成 10 000 延长米的木窗帘盒的装修改正实际用了 2 700 工日，由于工期拖延，导致工资上涨，实际支付工资按 43 元/工日计，共实际支付 116 100 元。该索赔款额是否合理？

【解析】合理。在这项承包工程中，承包商遇到了非承包商的原因造成的工期延长和工资的提高。人工费索赔应包括工资提高和工效降低增加开支两项：

2 700×（43-40）+（2 700-2 498）×40=8 100+8 080=16 180（元）

5. 共同延误的处理

在实际施工过程中，工期延长很少是只由一方造成的，往往是两三种原因同时发生（或相互作用）而形成的，故称为"共同延误"。在这种情况下，要具体分析哪一种情况延误是有效的，应依据以下原则。

（1）首先判断造成拖期的哪一种原因是最先发生的，即确定"初始延误"者，它应对工程拖期负责。在初始延误发生作用期间，其他并发的延误者不承担拖期责任。

（2）如果初始延误者是发包人原因，则在发包人原因造成的延误期内，承包人既可得到工期延长，又可得到经济补偿。

（3）如果初始延误者是客观原因，则在客观因素发生影响的延误期内，承包人可以得到工期延长，但很难得到费用补偿。

（4）如果初始延误者是承包人的原因，则在承包人原因造成的延误期内，承包人既不能得到工期延长，也不能得到费用补偿。

6. 索赔报告的内容

索赔报告的具体内容随着索赔事件的性质和特点而有所不同。但从报告的必要内容与文字结构方面而论，一个完整的索赔报告应包括以下4个部分。

1）总论部分

总论部分一般包括以下内容：序言、索赔事项概述、具体索赔要求、索赔报告编写及审核人员名单等。文中首先应概要地论述索赔事件的发生日期与过程，施工单位为该索赔事件所付出的努力和附加开支，施工单位的具体索赔要求。在总论部分最后，附上索赔报告编写组主要人员及审核人员的名单，注明有关人员的职称、职务及施工经验，以表示该索赔报告的严肃性和权威性。总论部分的阐述要简明扼要地说明问题。

2）根据部分

根据部分主要是说明自己具有的索赔权利，这是索赔能否成立的关键。根据部分的内容主要来自该工程项目的合同文件，并参照有关法律规定制定。施工单位在该部分应引用合同中的具体条款来说明自己理应获得经济补偿或工期延长。根据部分的篇幅可能很大，其具体内容随各个索赔事件的特点而不同。一般地说，根据部分应包括以下内容：索赔事件的发生情况、已递交索赔意向书的情况、索赔事件的处理过程、索赔要求的合同根据、所附的证据资料等。在写法结构上按照索赔事件发生、发展、处理和最终解决的过程编写，并明确全文引用有关的合同条款，使建设单位和监理工程师能历史地、逻辑地了解索赔事件的始末，并充分认识该项索赔的合理性和合法性。

3）计算部分

索赔计算的目的是以具体的计算方法和计算过程来说明自己应得经济补偿的款额或延长时间。如果说明根据部分的任务是解决索赔能否成立，则计算部分的任务就是决定应得到多少索赔款额和工期。前者是定性的，后者是定量的。在款额计算部分，施工单位必须阐明下列问题：索赔款的要求总额；各项索赔款的计算，如额外开支的人工费、材料费、管理费和所失利润；指明各项开支的计算依据及证据资料，施工单位应注意采用合适的计价方法。至于采用哪一种计价方法，应根据索赔事件的特点及自己所掌握的证据资料等因素来确定。另外还应注意每项开支款的合理性，并指出相应的证据资料的名称及编号。切忌采用笼统的计价方法和不实的开支款额。

4）证据部分

证据部分包括该索赔事件所涉及的一切证据资料以及对这些证据的说明。证据是索赔报告的重要组成部分，没有翔实可靠的证据，索赔是不能成功的。在引用证据时，要注意该证据的效力或可信程度，因此对重要的证据资料最好附以文字证明或确认件。例如，对一个重要的电话内容，仅附上自己的记录本是不够的，最好附上经过双方签字确认的电话记录或附上发给对方要求确认该电话记录的函件，即使对方未给复函，亦可说明责任在对方，因为对方未复函确认或修改，按惯例应理解为他已默认。

【例 4】某建设项目业主与施工单位签订了可调价格合同。合同中约定：主导施工机械一台为施工单位自有设备，台班单价 800 元/台班，折旧费为 100 元/台班，人工日工资单价为 40 元/工日，窝工费 10 元/工日。合同履行后第 30 天，因场外停电全场停工 2 天，造成人员窝工 20 个工日；合同履行后的第 50 天业主指令增加一项新工作，完成该工作需要 5 天时间，机械 5 台班，人工 20 个工日，材料费 5 000 元。求施工单位可获得的直接工程费的补偿额。

【解析】因场外停电导致的直接工程费索赔额如下。

人工费=20×10=200（元）

机械费=2×100=200（元）

因业主指令增加新工作导致的直接工程费索赔额如下。

人工费=20×40=800（元）

材料费=5 000（元）

机械费=5×800=4 000（元）

可获得的直接工程费的补偿额=（200+200）+（800+5 000+4 000）=10 200（元）

7.4 工程价款结算

工程价款结算是指承包商在工程实施过程中，依据承包合同中有关付款条款的规定和已经完成的工程量，并按照规定的程序向业主收取工程款的一项经济活动。

7.4.1 工程价款的结算方法

我国现行工程价款结算根据不同情况，可采取多种方式。

（1）按月结算。实行旬末或月中预支，月中结算，竣工后结清。

（2）竣工后一次结算。建设项目或单项工程全部建筑安装工程建设期在 12 个月以内，或工程承包合同价在 100 万元以下的，可实行工程价款每月月中预支、竣工后一次结算，即合同完成后承包人与发包人进行合同价款结算，确认的工程价款为承发包双方结算的合同价款总额。

（3）分段结算。当年开工当年不能竣工的单项工程或单位工程，按照工程形象进度划分不同阶段进行结算。分段标准由各部门、自治区、直辖市规定。

（4）目标结算方式。在工程合同中，将承包工程的内容分解成不同控制面（验收单元），当承包商完成单元工程内容并经工程师验收合格后，业主支付单元工程内容的工程价款。控制面的设定合同中应有明确的描述。在目标结算方式下，承包商要想获得工程款，必须按照合同约定的质量标准完成控制面工程内容；要想尽快获得工程款，承包商必须充分发挥自己的组织实施力，在保证质量前提下，加快施工进度。

（5）双方约定的其他结算方式。

7.4.2 工程预付款及其扣回

施工企业承包工程，一般实行包工包料，这就需要有一定数量的备料。在工程承包合同条款中，规定在开工前发包方拨付给承包单位一定限额的工程预付备料款。预付工程款的时间和数额在合同专用条款中约定，工程开工后，按约定时间和比例逐次扣回。预付工程款的拨付时间应不迟于约定的开工前 7 天，发包人不按约定预付，承包人在约定时间 7 天后向发包人发出要求预付的通知，发包人收到通知后仍不能按要求预付的，承包人可在发出通知后 7 天停止施工，发包方应从约定应付之日起向承包方支付应付款的贷款利息，并承担违约责任。

1. 预付工程款（备料款）的限额

影响预付工程款限额因素：主要材料占工程造价比重、材料储备期、施工工期等。预付备料款计算方法有以下几种。

1）施工单位常年应备的备料款限额

$$备料款限额 = \frac{年度承包工程总值 \times 主要材料所占比重}{年底施工工日天数 \times 材料储备天数} \tag{7-2}$$

【例 5】某工程合同总额 350 万，主要材料、构件所占比重为 60%，年度施工天数为 200 天，材料储备天数 80 天，则

$$预付备料款 = （350 \times 60\%）/200 \times 80 = 84（万元）$$

2）备料款数额

$$备料款数额 = 年度建筑安装工程合同价 \times 预付备料款比例额度 \tag{7-3}$$

备料款的比例额度根据工程类型、合同工期、承包方式、供应体制等不同而定。建筑工程不应超过当年建筑工作量（包括水、电、暖）的 30%，安装工程按年安装工程量的 10% 计算，材料占比重较大的安装工程按年产值 15% 左右拨付。对于只包定额工日的工程项目，可以不付备料款。

2. 备料款的扣回

发包人拨付给承包商的备料款属于预支的性质。工程实施后，随着工程所需材料储备的逐步减少，应以抵充工程款的方式陆续扣回，即在承包商应得的工程进度款中扣回。扣回的时间称为起扣点，起扣点计算方法有两种。

（1）按公式计算。这种方法原则上是以未完工程所需材料的价值等于预付备料款时起扣。

从每次结算的工程款中按材料比重抵扣工程价款，竣工前全部扣清。

$$未完工程材料款 = 预付备料款 \tag{7-4}$$

$$未完工程材料款 = 未完工程价值 \times 主材比重 \tag{7-5}$$

$$预付备料款 = （合同总价 - 已完工程价值）\times 主材比重 \tag{7-6}$$

$$已完工程价值（起扣点）= 合同总价 - 预付备料款 / 主材比重 \tag{7-7}$$

（2）在承包方完成金额累计达到合同总价一定比例（双方合同约定）后，由发包方从每次应付给承包方的工程款中扣回工程预付款，在合同规定的完工期前将预付款还清。

【例6】某工程合同价总额200万元，工程预付款24万元，主要材料、构件所占比重60%，则起扣点为200-24/60%=160（万元）

7.4.3　工程进度款结算

以按月结算为例，业主在月中向施工企业预支半月工程款，施工企业在月末根据实际完成工程量向业主提供已完工程月报表和工程价款结算账单，经业主和工程师确认，收取当月工程价款，并通过银行结算。即承包商提交已完工程量报告→工程师确认→业主审批认可→支付工程进度款。

在工程进度款支付过程中，应遵循如下原则。

1. 工程量的确认

（1）承包人应按专用条款约定的时间向工程师提交已完工程量报告。工程师接到报告后7天内按设计图纸核实已完工程量（计量），计量前24小时通知承包方，承包方为计量提供便利条件并派人参加。承包商收到通知不参加计量的，计量结果有效，并作为工程价款支付的依据。

（2）工程师收到承包人报告后7天内未计量，从第8天起，承包人报告中开列的工程量即视为被确认，作为工程价款支付的依据。工程师不按约定时间通知承包人，致使承包人未能参加计量，计量结果无效。

（3）承包人超出设计图纸范围和因承包人原因造成返工的工程量，工程师不予计量。例如在地基工程施工中，当地基底面处理到施工图所规定的处理范围边缘时，承包商为了保证夯击质量，将夯击范围比施工图纸规定范围适当扩大，此扩大部分不予计量。因为这部分的施工是承包商为保证质量而采取的技术措施，费用由施工单位自己承担。

2. 工程进度款支付

（1）在计量结果确认后14天内，发包人应向承包人支付工程款（进度款），并按约定可将应扣回的预付款与工程款同期结算。

（2）符合规定范围合同价的调整，工程变更调整的合同价款及其他条款中约定的追加合同价款应与工程款同期支付。

（3）发包人超过约定时间不支付工程款，承包人可向发包人发出要求付款通知，发包人收到通知仍不能按要求付款的，可与承包人签订延期付款协议，经承包人同意后延期支付。协议应明确延期支付的时间和从计量结果确认后第 15 天起应支付的贷款利息。

（4）发包人不按合同约定支付工程款，双方又未达成延期付款协议，导致施工无法进行，承包人可停止施工，由发包人承担违约责任。

【例 7】某工程合同价款总额为 300 万元，施工合同规定预付备料款为合同价款的 25%，主要材料为工程价款的 62.5%，在每月工程款中扣留 5%保修金，每月实际完成工作量见表 7-1。求预付备料款、每月结算工程款。

表 7-1 每月实际完成工作量

月 份	1	2	3	4	5	6
完成工作量/万元	20	50	70	75	60	25

【解析】相关计算如下。

预付备料款=300×25%=75（万元）

起扣点=300-75/62.5%=180（万元）

1 月份：累计完成 20 万元，结算工程款=20-20×5%=19（万元）

2 月份：累计完成 70 万元，结算工程款=50-50×5%=47.5（万元）

3 月份：累计完成 140 万元，结算工程款=70×（1-5%）=66.5（万元）

4 月份：累计完成 215 万元，超过起扣点 180（万元）

结算工程款=75-（215-180）×62.5%-75×5%=49.375（万元）

5 月份：累计完成 275（万元）

结算工程款=60-60×62.5% -60×5%=19.5（万元）

6 月份完成 300（万元）

结算工程款=25×（1-62.5%）-25×5%=8.125（万元）

7.4.4 工程价款的动态结算

工程建设项目周期长，在整个建设期内会受到物价浮动等多种因素的影响，其中主要是人工、材料、施工机械等动态影响。其动态调整主要方法如下：

1. 实际价格结算法

这种方法也称"票据法"，即施工企业可凭发票按实报销。这种方法承包商对降低成本效果不大。所以，一般由地方主管部门定期公布最高结算限价，同时在合同文件中规定建设单位或监理单位有权要求承包商选择更廉价的供应来源。

2. 工程造价指数调整法

这种方法是采取当时的预算或概算单价计算出承包合同价，待竣工时，根据合理的工期及当地工程造价管理部门所公布的该月度（或季度）的工程造价指数，对原承包合同价予以调整。

3. 调价文件计算法

这种方法是按当时预算价格承包，在合同期内，按造价管理部门文件的规定，或由定期发布主要材料供应价格和管理价格进行补差。

$$调差价 = \sum 各项材料用量 \times （结算期预算指导价 - 原预算价格） \qquad （7\text{-}8）$$

4. 调值公式法

根据国际惯例，对建设项目工程价款结算常常采用这种方法。大部分国际工程项目在签订合同时就明确列出调值公式，并以此作为价差调整的依据。建筑安装工程调值公式包括人工、材料、固定部分。

$$P = P_0 \left(a_0 + a_1 \times \frac{A}{A_0} + a_2 \times \frac{B}{B_0} + a_3 \times \frac{C}{C_0} + a_4 \times \frac{D}{D_0} \right) \qquad （7\text{-}9）$$

式中：P——调值后合同价或工程实际结算价款；

P_0——合同价款中工程预算进度款；

a_0——合同固定部分，不能调整的部分占合同总价的比重；

a_1，a_2，a_3，a_4——调价部分（人工费用、钢材、水泥、运输等各项费用）在合同总价中所占的比例；

A_0，B_0，C_0，D_0——二基准日期对应各项费用的基准价格指数或价格；

A，B，C，D——调整日期对应各项费用的现行价格指数或价格。

【例8】某工程采用 FIDIC 合同条件，合同金额 500 万元，根据承包合同，采用调值公式调值，调价因素为 A、B、C3 项，其在合同中比率分别为 20%、10%、25%，这 3 种因素基期的价格指数分别为 105%、102%、110%，结算期的价格指数分别为 107%、106%、115%，则调值后的合同价款为

500×（45% +20% ×107/105+10%×106/102+25% ×115/110）=509.54（万元）

经调整实际结算价格为 509.54 万元，比原合同多 9.54 万元。

【例9】某土建工程，合同规定结算款 100 万元，合同原始报价日期为 1995 年 3 月，工程于 1996 年 5 月建成交付使用，工程人工费、材料费构成比例以及有关造价指数见表 7-2，试计算实际结算款。

表 7-2　各费用构成

项目	人工费	钢材	水泥	集料	红砖	砂	木材	不调值费用
比例	45	11	11	5	6	3	4	15
1995 年 3 月指标	100	100.8	102	93.6	100.2	95.4	93.4	
1996 年 5 月指标	110.1	98	112.9	95.9	98.9	91.1	117.9	

【解析】实际结算价款=100×（0.15+0.45×110.1/100+0.11×98/100.8+0.11×112.9/102.0+0.5×95.9/93.6+0.06×98.9/100.2+ 0.03 ×91.1/95.4+0.04×117.9/93.4）=100×1.064=106.4（万元）

复习题

1. 发包人对原工程设计进行变更，提前以书面形式向承包人发出变更通知的天数为（   ）。

    A. 12 天   B. 14 天   C. 16 天   D. 18 天

2. 某工程项目合同价为 2 000 万元，合同工期为 20 个月，NNNNN 项目的附属配套工程 N-NgnmNNN 160 万元，则承包商可提出的工期索赔为（   ）。

    A. 0.8 个月   B. 1.2 个月   C. 1.6 个月   D. 1.8 个月

3. 用来反映大、中型建设项目全部资金来源和资金占用情况的竣工决算报表是（   ）。

    A. 建设项目竣工财务决算审批表   B. 建设项目概况表

    C. 建设项目竣工财务决算表   D. 建设项目交付使用资产总表

4. 请选出属于索赔费用组成的选项。（   ）

    A. 人工费   B. 材料费

    C. 机械设备使用费   D. 总部管理费

    E. 利息

5. 请选出属于工程索赔产生的原因。（   ）

    A. 不可抗力事件   B. 合同缺陷

    C. 合同变更   D. 工程师指令

    E. 当事人违约

8 建设项目竣工阶段与工程造价

8.1 竣工验收

建设项目竣工阶段的主要工作就是竣工验收。建设项目竣工验收是指由建设单位、施工单位和项目验收委员会，以项目批准的设计任务书和设计文件、国家或部门颁发的施工验收规范和质量检验标准为依据，按照一定的程序和手续，在项目建成并试生产合格后（工业生产性项目），对工程项目的总体进行检验、认证、综合评价和鉴定的活动。

建设项目竣工验收是建设项目建设全过程的最后一个程序，是全面考核基本建设工作、检查设计和施工质量是否合乎要求、审查投资使用是否合理的重要环节，是投资成果转入生产或使用的标志。竣工验收对促进建设项目及时投产、发挥投资效益、总结经验教训具有重要意义。

为了保证建设项目竣工验收的顺利进行，验收必须遵循一定的程序，并按照建设项目总体计划的要求以及施工进展的实际情况分段进行。项目竣工验收方式按阶段不同可分为项目中间验收、单项工程验收（另称交叉验收）、全部工程的竣工验收（另称动用验收）三个阶段。

中间验收是由监理单位组织，业主和承包商派人参加。该部位的验收资料将作为最终验收的依据，验收条件为：① 按照施工承包合同的约定，施工完成到某一阶段后要进行中间验收；② 主要的工程部位施工已完成了隐蔽前的准备工作，该工程部位将置于无法查看的状态。

单项工程验收是由业主组织，会同施工单位，监理单位、设计单位及使用单位等有关部门共同进行。验收条件为：① 建设项目中的某个合同的工程已全部完成；② 合同内约定有分项移交的工程已达到竣工标准，可移交给业主投入试运行。

全部工程的竣工验收中大中型和限额以上项目由原国家计委或由其委托项目主管部门或地方政府部门组织验收。小型和限额以下项目由项目主管部门组织验收。验收委员会由银行、物资、环保、劳动、统计、消防及其他有关部门组成。业主、监理单位、施工单位、设计单位和使用单位参加验收工作。验收条件为：① 建设项目按设计规定全部建成，达到竣工验收条件；② 初验结果全部合格；③ 竣工验收所需资料已准备齐全。

通常所说的建设项目竣工验收，指的是"动用验收"，即建设单位在建设项目按批准的计划文件所规定的内容。

8.2 竣工决算

竣工决算是以实物量和货币指标为计量单位，综合反映竣工项目从筹建开始到项目竣工交付使用为止的全部建设费用、建设成果和财务情况的总结性文件，是竣工验收报告的重要组成部分。

8.2.1 竣工决算的概念

竣工决算是建设工程经济效益的全面反映，是项目法人核定建设工程各类新增资产价值、办理建设项目交付使用的依据。竣工决算对建设单位而言具有重要作用，具体表现在以下几个方面。

1. 总结性

竣工决算能够准确反映建设工程的实际造价和投资结果，便于业主掌握工程投资金额。

2. 指导性

通过对竣工决算与概算、预算的对比分析，考核投资控制的工作成效，总结经验教训，积累技术经济方面的基础资料，提高未来建设工程的投资效益。另外这还是业主核定各类新增资产价值和办理其交付使用的依据。竣工决算不同于竣工结算，区别在于以下几个方面。

（1）编制单位。竣工决算由建设单位的财务部门负责编制；竣工结算由施工单位的预算部门负责编制。

（2）反映内容。竣工决算是建设项目从开始筹建到竣工交付使用为止所发生的全部建设费用；竣工结算是承包方承包施工的建筑安装工程的全部费用。

（3）性质。竣工决算反映建设单位工程的投资效益；竣工结算反映施工单位完成的施工产值。

（4）作用。竣工决算是业主办理交付、验收、各类新增资产的依据，是竣工报告的重要组成部分；竣工结算是施工单位与业主办理工程价款结算的依据，是编制竣工决算的重要资料。

8.2.2 竣工决算的内容

竣工决算是建设项目从筹建到竣工交付使用为止所产生的全部建设费用。为了全面反映建设工程经济效益，竣工决算由竣工财务决算说明书、竣工财务决算报表、竣工工程平面示意图、工程造价比较分析四部分组成。前两个部分又被称为工程项目竣工财务决算，是竣工决算的核心部分。

1. 竣工财务决算说明书

这有时也称为竣工决算报告情况说明书。在说明书中主要反映竣工工程建设成果，是竣工财务决算的组成部分，主要包括以下内容。

（1）建设项目概况。从工程进度、质量、安全、造价和施工等方面进行分析和说明。

（2）资金来源及运用的财务分析。其包括工程价款结算、会计账务处理、财产物资情况以及债权债务的清偿情况。

（3）建设收入、资金结余以及结余资金的分配处理情况。

（4）主要技术经济指标的分析、计算情况，例如新增生产能力的效益分析等。

（5）工程项目管理及决算中存在的问题，并提出建议。

2. 竣工财务决算报表

根据财政部印发的有关规定和通知，工程项目竣工财务决算报表应按大、中型工程项目和小型项目分别编制。

（1）大、中型项目需填报：工程项目竣工财务决算审批表，大、中型项目概况表，大、中型项目竣工财务决算表，大、中型项目交付使用资产总表，工程项目交付使用资产明细表。

（2）小型项目需填报：工程项目竣工财务决算审批表（同大、中型项目），小型项目竣工财务决算总表，工程项目交付使用资产明细表。

3. 竣工工程平面示意图

工程项目竣工图是真实地反映各种地上地下建筑物、构筑物等情况的技术文件，是工程进行交工验收、维护改建和扩建的依据。国家规定对于各项新建、扩建、改建的基本建设工程，特别是基础、地下建筑、管线、结构、港口、水坝、桥梁、井巷以及设备安装等隐蔽部位，都应该绘制详细的竣工平面示意图。为了提供真实可靠的资料，在施工过程中应做好这些隐蔽工程检查记录，整理好设计变更文件。具体要求有以下几方面。

（1）凡按图竣工未发生变动的，由施工单位在原施工图上加盖"竣工图"标志后，作为竣工图。

（2）凡在施工过程中，虽有一般性设计变更，但能将原施工图加以修改补充作为竣工图的，由施工单位负责在原施工图上注明修改部分，并附以设计变更通知和施工说明，加盖"竣工图"标志后作为竣工图。

（3）凡出现结构形式发生改变、施工工艺发生改变、平面布置发生改变、项目发生改变等重大变化，不宜在原施工图上修改、补充时，应按不同责任分别由不同责任单位组织重新绘制竣工图，施工单位负责在新图上加盖"竣工图"标志，并附以有关记录和说明，作为竣工图。

4. 工程造价比较分析

工程造价比较应侧重主要实物工程量、主要材料消耗量以及建设单位管理费、建筑安装工程其他直接费、现场经费和间接费等方面的分析。对比整个项目的总概算，然后再将设备、工器具购置费、建筑安装工程费和工程建设其他费用逐一与竣工决算财务表中所提供的实际数据和经批准的概算、预算指标、实际的工程造价进行比较分析，以确定工程项目总造价是节约还是超支。

8.2.3 竣工决算的编制

1. 竣工决算的编制依据

（1）经批准的可行性研究报告、投资估算书、初步设计或扩大初步设计、修正总概算、施工图设计以及施工图预算等文件。

（2）设计交底或图纸会审纪要。

（3）招投标标底价格、承包合同、工程结算等有关资料。

（4）施工纪录、施工签证单及其他在施工过程中的有关费用记录。

（5）竣工平面示意图、竣工验收资料。

（6）历年基本建设计划、历年财务决算及批复文件。

（7）设备、材料调价文件和调价记录。

（8）有关财务制度及其他相关资料。

2. 竣工决算的编制步骤

（1）根据财政部有关的通知要求，竣工决算的编制包括以下几步：收集、分析、整理有关原始资料。为了保证提供资料的完整性、全面性，从建设工程开始就按照编制依据的要求收集、整理、清点有关资料，包括所有的技术资料、工料结算的经济文件、施工图纸、施工纪录和各种变更与签证资料、财产物资的盘点核实、债权的收回及债务的清偿等。在收集整理原始资料中，特别注意对建设工程容易损坏、遗失的各种设备、材料、工器具要逐项实地盘点、核查并填列清单，妥善保管或按照国家有关规定处理，杜绝任意侵占和挪用。

（2）对照、核实工程变动情况，重新核实各单位工程、单项工程工程造价。要做到将竣工资料与原设计图纸进行查对、核实，如有必要可实地测量，确认实际变更情况；根据经审定后的施工单位竣工结算等原始资料，按照有关规定对原概（预）算进行增减调整，重新核定建设项目工程造价。

（3）如实反映项目建设有关成本费用。将审定后的设备及工器具购置费、建筑安装工程费、工程建设其他费用以及待摊费用等严格划分、核定后，分别记入相关的建设成本栏目中。

（4）编制建设工程竣工财务决算说明书。

（5）编制建设工程竣工财务决算报表。

（6）做好工程造价对比分析。

（7）整理、装订好竣工工程平面示意图。

（8）上报主管部门审查、批准、存档。

8.2.4　新增资产价值的确定

建设工程竣工投产运营后，建设期内支出的投资，按照国家财务制度和企业会计准则、税法的规定，形成相应的资产。按性质这些新增资产可分为固定资产、流动资产、无形资产和其他资产四类。

1. 新增固定资产

1）新增固定资产价值的构成

（1）已经投入生产或者交付使用的建筑安装工程价值，主要包括建筑工程费、安装工程费。

（2）达到固定资产使用标准的设备、工具及器具的购置费用。

（3）预备费，主要包括基本预备费和涨价预备费。

（4）增加固定资产价值的其他费用，主要包括建设单位管理费、研究试验费、设计勘察费、工程监理费、联合试运转费、引进技术和进口设备的其他费用等。

（5）新增固定资产建设期间的融资费用，主要包括建设期利息和其他相关融资费用。

2）新增固定资产价值的计算

新增固定资产价值的确定是以能够独立发挥生产能力的单项工程为对象，当某单项工程建成，经有关部门验收合格并正式交付使用或生产时，即可确认新增固定资产价值。新增固定资产价值的确定原则如下：一次交付生产或使用的单项工程，应一次计算确定新增固定资产价值；分期分批交付生产或使用的单项工程，应分期分批计算确定新增固定资产价值。在确定新增固定资产价值时要注意以下几种情况。

（1）对于为了提高产品质量、改善职工劳动条件、节约材料消耗、保护环境等建设的附属辅助工程，只要全部建成，正式验收合格并交付使用后，也作为新增固定资产确认其价值。

（2）对于单项工程中虽不能构成生产系统，但可以独立发挥效益的非生产性项目，例如职工住宅、职工食堂、幼儿园、医务所等生活服务网点，在建成、验收合格并交付使用后，应确认为新增固定资产并计算资产价值。

（3）凡企业直接购置并达到固定资产使用标准，不需要安装的设备、工具、器具，应在交付使用后确认新增固定资产价值，凡企业购置并达到固定资产使用标准，需要安装的设备、工具、器具，在安装完毕交付使用后应确认新增固定资产价值。

（4）属于新增固定资产价值的其他投资，应随同收益工程交付使用时一并计入。

（5）交付使用资产的成本，按下列内容确定。

①房屋建筑物、管道、线路等固定资产的成本包括建筑工程成本和应由各项工程分摊的待摊费用。

②生产设备和动力设备等固定资产的成本包括需要安装设备的采购成本（即设备的买价和支付的相关税费）、安装工程成本、设备基础支柱等建筑工程成本或砌筑锅炉及各种特殊炉的建筑工程成本及应由各设备分摊的待摊费用。

③运输设备及其他不需要安装的设备、工具、器具等固定资产一般仅计算采购成本，不包括待摊费用。

（6）共同费用的分摊方法。新增固定资产的其他费用，如果是属于整个建设项目或两个以上单项工程的，在计算新增固定资产价值时，应在各单项工程中按比例分摊。一般情况下，建设单位管理费按建筑工程、安装工程、需要安装设备价值占价值总额的一定比例分摊，而土地征用费、勘察设计费等费用则按建筑工程造价分摊。

【例1】某工业建设项目及甲车间的建筑工程费、安装工程费、需要安装设备费、建设单位管理费、土地征用费以及勘察设计费见表8-1。计算新增固定资产价值。

表 8-1 各费用数据 　　　　　　单位：万元

项　　目	建筑工程费	安装工程费	需要安装设备费	单位管理费	土地征用费	勘察设计费
甲车间竣工决算	500	150	300			
项目竣工决算	1 500	800	1 000	60	120	40

【解析】甲车间分摊建设单位管理费=60×（500+150+300）/（1 500+800+1 000）=17.27（万元）

甲车间分摊土地征用费=120×（500/1 500）=40（万元）

甲车间分摊勘察设计费=40×（500/1 500）=13.33（万元）

甲车间新增固定资产价值=（500+150+300）+（17.27+40+13.33）=1 020.6（万元）

3）确定新增固定资产价值的作用

（1）能够如实反映企业固定资产价值的增减情况，确保核算的统一、准确性。

（2）反映一定范围内固定资产的规模与生产速度。

（3）核算企业固定资产占用金额的主要参考指标。

（4）正确计提固定资产折旧的重要依据。

（5）分析国民经济各部门技术构成、资本有机构成变化的重要资料。

2. 新增无形资产

1）无形资产的定义

无形资产是指企业拥有或控制的没有实物形态的可辨认非货币性资产。无形资产包括专利权、非专利技术、商标权、著作权、特许权、土地使用权等。

2）无形资产的内容

（1）专利权。国家专利主管部门依法授予发明创造专利申请人对其发明在法定期限内享有的专有权利。专利权这类无形资产的特点是其具有独占性、期限性和收益性。

（2）非专利技术。企业在生产经营中已经采用的、仍未公开的、享有法律保护的各种实用、新颖的生产技术、技巧等。非专利权这类无形资产的特点是其具有经济性、动态性和机密性。

（3）商标权。经国家工商行政管理部门商标局批准注册，申请人在自己生产的产品或商品上使用特定的名称、图案的权利。商标权的内容包括两个方面：独占使用权和禁止使用权。

（4）著作权。国家版权部门依法授予著作者或者文艺作品的创作者、出版商在一定期限内发表、制作发行其作品的专有权利，例如，文学作品、工艺美术作品、音乐舞蹈作品等。

（5）特许权。其又称特许经营权，是指企业通过支付费用而被准许在一定区域内，以一定的形式生产某种特定产品的权利。这种权利可以由政府机构授予，也可以由其他企业、单位授予。

（6）土地使用权。国家允许某企业或单位在一定期间内对国家土地享有开发、利用、经营等权利。企业根据《中华人民共和国城镇土地使用权出让和转让暂行条例》的规定向政府土地管理部门申请土地使用权所支付的土地使用权出让金，企业应将其资本化，确认为无形资产。

3）企业核算新增无形资产确认原则

（1）企业外购的无形资产。其价值包括购买价款、相关税费以及直接归属与使该项资产达到预定用途所发生的其他支出。

（2）投资者投入的无形资产。应当按照投资合同或协议约定的价值确定，但合同或协议约定价值不公允的除外。

（3）企业自创的无形资产。企业自创并依法确认的无形资产，应按照满足无形资产确认条件后至达到预定用途前所发生的实际支出确认。

（4）企业接收捐赠的无形资产。按照有关凭证所记金额作为确认基础；若捐赠方未能提供结算凭证，则按照市场上同类或类似资产价值确认。

3. 新增流动资产

依据投资概算拨付的项目铺底流动资金，由建设单位直接移交使用单位。企业流动资产一般包括以下内容：货币资金，主要包括库存现金、银行存款、其他货币资金；原材料、库存商品；未达到固定资产使用标准的工具和器具的购置费用。企业应按照其实际价值确认流动资产。

4. 新增其他资产

其他资产是指除固定资产、无形资产、流动资产以外的其他资产。形成其他资产原值的费用主要由生产准备费（包含职工提前进厂费和劳动培训费）、农业开荒费和样品样机购置费等费用构成。企业应按照这些费用的实际支出金额确认其他资产。

【例2】某建设项目企业自有资金400万元，向银行贷款450万元，其他单位投资350万元。建设期完成建筑工程300万元，安装工程100万元，需安装设备90万元，不需安装设备60万元，另产生建设单位管理费20万元，勘查设计费105万元，商标费40万元，非专利技术费35万元，生产培训费4万元，原材料45万元。

（1）确定建设项目竣工决算的组成内容。

（2）新增资产按经济内容划分包括哪些部分？分别是什么？

【解析】竣工决算包括四部分内容：竣工决算报告说明书、竣工决算财务报表、竣工工程示意图及工程造价比较分析。

新增资产按经济内容划分：固定资产、无形资产、流动资产和其他资产。其中，固定资产主要指已交付使用的建安工程、达到固定资产使用标准的设备和工器具、应分配计入固定资产成本的建设单位管理费、勘察设计费；无形资产主要指专利权、商标权、著作权、非专利技术；流动资产主要指货币性资产、各类应收及预付款项、存货；企业资产主要指除固定资产、无形资产、流动资产以外的资产。

【例3】某建设单位编制某工业生产项目的竣工决算。该建设工程包括甲、乙两个主要生产车间和A、B、C、D共4个辅助生产车间，以及部分附属办公、生活建筑工程。在该建设项目的建设期内，以各单项工程为单位进行核算。各单项工程竣工结算数据见表8-2。

表8-2　各单项工程竣工结算数据　　　　　　　单位：万元

项目名称	建筑工程投资	安装工程	需要安装设备	不需要安装设备	生产器具
甲生产车间	1 500	450	1 600	300	100
乙生产车间	1 000	300	1 200	210	80
辅助生产车间	1 500	200	800	120	50
其他建筑物	500	50		20	
小计	4 500	1 000	3 600	650	230

建设工程其他费用支出包括以下内容。

（1）支付土地使用权出让金 650 万元。

（2）支付土地征用费和拆迁补偿费 600 万元。

（3）建设单位管理经费 560 万元，其中 400 万元可以构成固定资产。

（4）勘察设计费 280 万元。

（5）商标权费 40 万元、专利权费 70 万元。

（6）职工提前进厂费 20 万元、生产职工培训费 55 万元、生产线联合试运转费 30 万元；同时出售试生产期间生产的产品，获得收入 4 万元。

（7）建设项目剩余钢材价值 20 万元，木材价值 15 万元。

根据以上资料回答以下问题。

（1）什么是建设项目的竣工决算？建设项目的竣工决算由哪些内容构成？

（2）建设项目的竣工决算由谁来编制？编制依据包括哪些内容？

（3）建设项目的新增资产分别有哪些内容？确定甲生产车间的新增固定资产的价值。

（4）确定该建设工程的无形资产、流动资产和其他资产的价值。

【解析】上面的案例是在考核建设项目竣工决算的有关内容和对建设新增资产的确认，新增资产价值的核算。

第（1）、（2）问建设项目的竣工决算、竣工决算的组成内容、编制单位、编制依据等知识点，已经在正文中进行了详细的介绍，可参考作答。

（3）建设项目的新增资产，按其性质可分为固定资产、无形资产、流动资产和其他资产。

① 新增固定资产价值主要包括：已经投入生产或者交付使用的建筑安装工程价值，达到固定资产使用标准的设备、工具及器具的购置费用，预备费，增加固定资产价值的其他费用，新增固定资产建设期间的融资费用。同时还要注意应由固定资产价值分摊的费用：新增固定资产的其他费用，属于两个以上单项工程的，在计算新增固定资产价值时，应在各单项工程中按比例分摊。一般情况下，建设单位管理费按建筑工程、安装工程、需要安装设备价值占价值总额的一定比例分摊，而土地征用费、勘察设计费等费用则按建筑工程造价分摊。

② 新增无形资产主要包括：专利权、非专利技术、商标权、土地使用权出让金等。

③ 新增流动资产价值：未达到固定资产使用状态的工具、器具，货币资金，库存材料等项目。

④ 新增其他资产价值：建设单位管理费中未计入固定资产的费用、职工提前进厂费和劳动培训费等费用支出。

（4）该建设工程的无形资产、流动资产和其他资产的价值计算如下。

① 确定甲车间新增固定资产价值。

分摊建设单位管理费=400×[（1 500+450+1 600）/（4 500+1 000+3 600）]=156（万元）

分摊土地征用、土地补偿及勘察设计费=（600+280+30-4）×（1 500/4 500）=302（万元）

甲车间新增固定资产价值=（1 500+450+1 600+300）+156+302=4 308（万元）。

② 新增无形资产价值= 650+40+70=760（万元）。

③ 新增流动资产价值= 230+20+15=265（万元）。

④ 新增其他资产价值= 160+20+55=235（万元）。

8.3　工程质量保证

保修费用是指对建设工程在保修期限和保修范围内所产生的维修、返工等各项费用支出。工程项目保修是项目竣工验收交付使用后，在一定期限内施工单位对建设单位或用户进行回访，对于工程发生的确实是由于施工单位施工责任造成的建筑物使用功能不良或无法使用的问题，应由施工单位负责修理，直到达到正常使用的标准。

工程项目保修的具体意义：建设工程质量保修制度是国家确定的重要法律制度，建设工程质量保修制度对于完善建设工程保修制度，监督承包方工程质量，促进施工单位加强质量管理，保护消费者和用户的合法权益均具有重要意义。

8.3.1　建设项目保修的期限

建设项目保修期限是指建设项目竣工验收交付使用后，由于建筑物使用功能不良或无法使用的问题，应由相关单位负责修理的期限规定。建设项目保修的期限应当按照保证建筑物在合理寿命内正常使用、维护消费者合法权益的原则确定。按照国务院颁布的 279 号令《建设工程质量管理条件》第 40 条规定，建设项目在正常使用条件下，对建设工程的最低保修期限有以下规定。

（1）基础设施工程、房屋建筑的地基基础工程和主体结构工程，为设计文件规定的该建设工程的合理使用年限。

（2）屋面防水工程、有防水要求的卫生间、房间和外墙面的防渗漏期限为 5 年。

（3）供热与供冷系统，期限为两个采暖期、供冷期。

（4）电气管线、给排水管道、设备安装和装修工程，期限为两年。

（5）涉及其他项目的保修期限应由承包方与业主在合同中规定。

8.3.2　工程保修费用处理

工程保修费用，一般按照"谁的责任由谁负责"的原则执行，具体规定如下。

（1）由于业主提供的材料、构配件或设备质量不合格造成的质量缺陷，或发包人竣工验收后未经许可自行对建设项目进行改建造成的质量问题，应由业主自行承担经济责任。

（2）由于发包人指定的分包人或者不能肢解而肢解发包的工程，导致施工接口不好，造成质量问题，应由发包人自行承担经济责任。

（3）由于勘查、设计的原因造成的质量缺陷由勘查、设计单位负责并承担经济责任，由施工单位负责维修或处理。根据新的合同法规定，勘察、设计人应当继续完成勘察和设计，减收或免收勘察、设计费用；施工单位进行维修、处理时，费用支出应按合同约定，通过建设单位向设计人索赔，不足部分由建设单位补偿。

（4）由于施工单位未按国家有关施工质量验收规范、设计文件要求和施工合同约定组织施工而造成的质量问题，应由施工单位负责无偿返修并承担经济责任。如果在合同规定的时间和程序内施工单位未到现场修理，建设单位可以根据情况另行委托其他单位修理，由原施工单位承担经济责任。

（5）由于施工单位采购的材料、构配件或者设备质量不合格引起的质量缺陷，或施工单位应进行却没有进行试验或检验，进入现场使用造成的质量问题，应由施工单位负责修理并承担经济责任。

（6）由于业主或使用人在项目竣工验收后使用不当造成的质量问题，应由业主或使用人自行承担经济责任。

（7）由于不可抗力或者其他无法预料的灾害造成的质量问题和损失，施工单位和设计单位均不承担经济责任，所产生的维修、处理费用应由建设单位自行承担。

复习题

一、选择题

1. 确定工程变更价款时，若合同中没有类似和适用的价格，则由（　　　）。

　　A. 承包商和工程师提出变更价格，业主批准执行

　　B. 工程师提出变更价格，业主批准执行

　　C. 承包商提出变更价格，工程师批准执行

　　D. 业主提出变更价格，工程师批准执行

2. 某分项工程，采用调值公式法结算工程价款，原合同价为 10 万元，其中人工费占 15%，材料费占 60%，其他为固定费用，结算时材料费上涨 20%，人工费上涨 10%，则结算的工程款为（　　　）。

　　A. 11 万元　　　　　　　　B. 11.35 万元　　　　　　C. 11.65 万元　　　　　　D. 12 万元

3. 竣工决算包括竣工决算报表和（　　　）。

　　A. 竣工情况说明书　　　　　　　　　　　B. 竣工财务决算报表

　　C. 财产总表　　　　　　　　　　　　　　D. 财产明细表

4. 请选出属于工程价款的结算方式的选项。（　　　）

　　A. 按月结算　　　　B. 竣工后一次结算　　　　C. 目标结算方式

　　D. 分段结算　　　　E. 按年结算

5. 请选出属于工程价款结算的价差调整方法的选项。（　　　）

　　A. 工程造价指数调整法　　　　　　　　　B. 实际价格调整法

　　C. 调价文件计算法　　　　　　　　　　　D. 调值公式法

　　E. 预算价格

二、简答题

1. 试述建设工程发生变更后，工程价款如何调整？

2. 建设工程价款索赔的程序有哪些？

3. 什么叫工程价款结算？其结算方式有哪些？

4. 什么叫投资偏差？偏差分析的方法有哪些？

三、案例题

1. 某工程合同价款总额为 300 万元，施工合同规定预付款为合同价款的 25%，主要材料为工程价款的 62.5%，在每月工程款中扣留 5% 的保修金。每月实际完成的工程量如表 8-3 所示，求预付款起扣点、每月结算工程款。（单位：万元）

表 8-3　每月完成工程量

月　份	1	2	3	4	5	6
完成工程量	20	50	70	75	60	25
累计工程量	20	70	140	215	275	300

【解析】（1）材料起扣点：

$300-300\times25\%/62.5\%=180$（万元）

（2）工程结算款：

1 月：$20（1-5\%）=19$（万元）

2 月：$50（1-5\%）=47.5$（万元）

3 月：$70（1-5\%）=66.5$（万元）

4 月：$75（1-5\%）-（215-180）\times62.5\%=49.375$（万元）

5 月：$60（1-5\%-62.5\%）=19.5$（万元）

6 月：$25（1-5\%-62.5\%）=8.125$（万元）

2. 某工程原合同规定分两阶段进行施工，土建工程 21 个月，安装工程 12 个月。假定以一定量的劳动力需要量为相对单位，则合同规定的土建工程量可折算为 310 个相对单位，安装工程量折算为 70 个相对单位。合同规定，在工程量增减 10% 的范围内，作为承包商的工期风险，不能要求工期补偿。在工程施工过程中，土建和安装的工程量都有较大幅度的增加。实际土建工程量增加到 430 个相对单位，实际安装工程量增加到 117 个相对单位。求承包商可以提出的工期索赔额。

【解析】承包商提出的工期索赔额如下。

不索赔的土建工程量的上限：$310\times1.1=341$（相对单位）

不索赔的安装工程量的上限：$70\times1.1=77$（相对单位）

由于工程量增加而造成的工期延长如下。

土建工程工期延长$=21\times（430/341-1）=5.5$（月）

安装工程工期延长$=12\times（117/77-1）=6.2$（月）

参考文献

［1］斯庆，宋显锐. 工程造价控制. 北京：北京大学出版社，2009.

［2］天津大学，清华大学. 建筑施工手册. 北京：中国建筑工业出版社，2001.

［3］刘钦. 工程造价控制. 北京：机械工业出版社，2009.

［4］王雪青. 工程项目成本规划与控制. 北京：中国建筑工业出版社，2010.

［5］全国造价工程师执业资格考试培训教材编审委员会. 建设工程造价师案例分析. 北京：中国城市出版社，2014.

［6］国家发展改革委. 建设项目经济评价方法与参数. 北京：中国计划出版社，2006.

［7］赵军. 建设工程工程量清单计价规范. 北京：中国建材工业出版社，2013.